国家 211 工程重点学科建设
国家 985 工程建设
农业经济史丛书

山东农业救灾史研究
(1949—2009)

王 强 著

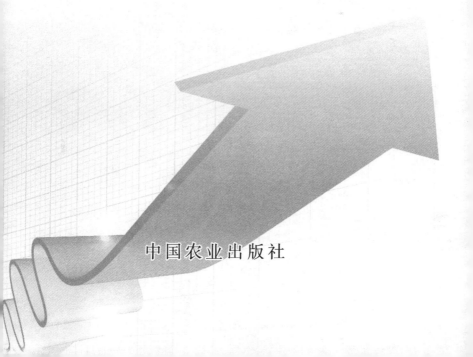

中国农业出版社

农业经济史丛书

总　　序

王秀清

　　农业作为一项为人类生存提供食物、纤维、饲料、能源和多功能的特殊产业，借由人类对粮食安全、能源安全和生态安全的担心而影响和改变着不同时期不同国家的农业经济根本性质以及与之相适应的农业政治态势。诚然，为了解决当今存在的农业问题，需要我们从未来发展的角度，从国际合作与分工的视野来寻求解决不同国家不同农业问题的出路，似乎没有必要考虑已经离我们远去的历史。当前我国乃至世界范围内的农业经济学者在农业经济研究过程中投入了大量的精力进行复杂的模型构建和计量经济检验，期望能够发现一些规律来指引当前乃至未来农业政策的制定。更有一些学者甚至不去思考农业经济发展背后的内在运行规律，仅仅通过所谓的统计检验来验证经济变量之间似是而非的关系。然而，如果我们改变所研究问题的时间跨度，你会发现有些变量在短期内非常显著，在长期内则不显著。而又有一些变量，在短期内不显著，在长期内则非常显著。如果我们想规划美好的未来，就必须在研究问题中放宽历史的视野，因为今天的农业现状和农业问题不是凭空而降的，它从历史走来、带有历史的烙印，同时创造新的历史并进而影响未来。我们深刻感受到需要通过农业经济史的研究来为农业经济研究和农业经济学科的发展提供史学营养。

　　中国农业大学作为我国农业高等教育的一家重要机构，曾经在农业史教育和研究方面取得突出的成绩，至今仍为学术界所称道。王毓瑚、董恺忱、于船、张仲葛、杨直民等农史学家曾经先后在中国农业古籍整理、比较农业史、中国畜牧史和中国古代农业史等领域做出杰出的学术贡献，促进了我国农史学科的发展与国际交流。然而，多年来，由于种种原因，中国农业大学的农史学科一直处于停滞状态。值得欣慰的是，近年来，一批年轻学者开始转向农业经济史的研究，这一研究取向得到了校方的鼎力支持，于 2006 年在农业经济管理一级学科目录下自主增设了农业经济史博士点，旨在为有志于从事农业经济史研究的年轻学子提供一个高水平的教育与研究平台，期望通过多年的努力，不仅能够从历史的角度发现一些农业发展的内在规律，而且可以从各国农业发展的经验中提炼总结出一系列迄今乃至今后仍然可以发挥作用或影响的制度、技术和政策。

为了系统地记录和展示这些年轻学者们在农业经济史领域取得的一系列学术进展，在中国农业大学 985 工程项目的支持下，决定不定期陆续出版"农业经济史丛书"，期望借此促进学术交流，增强农业经济学者的历史视野，最终为寻找解决我国农业农村经济发展中不断出现的新问题提供史学营养。

序

随着全球性灾害事件的陆续发生，如何防御灾害、减少灾害造成的损失成为社会各界关注的焦点之一，各种论著陆续问世。《山东农业救灾史研究（1949—2009）》一书，是王强同志在其博士论文基础上修改完成的，是一部立足于山东省、探讨农业救灾的区域经济史著作。

山东是我国的农业大省，是一个灾害频发的地区，仅就近代而言，黄河中下游泛滥造成的哀鸿遍野、田地荒芜的局面就令人触目惊心。新中国成立以后，由于特殊的地理环境以及多变的气候条件，灾害也给山东的经济建设造成巨大阻碍。特别是近年来，连续大旱更是严重影响着山东省农业的健康发展。因此，对山东农业救灾史进行研究就显得尤为重要。

虽然之前已经有学者对山东省的自然灾害史做过研究，但《山东农业救灾史研究（1949—2009）》一书在学习借鉴的基础上，展现了其独特的价值。作者通过多种样式的图表、丰富的数据展现了山东省主要农业灾害的类型、发生周期以及危害；并创新地通过将山东省的抗灾救灾划分为新中国成立初期、人民公社时期以及改革开放之后三个时期，使这种较长时段的研究既有独立性，又有系统性，既有个性，又能总结出共性；作者最后提出的一些山东省农业救灾制度演变的经验，不仅适用于山东省，对整个中国社会都是有所借鉴的。

王强是中国农业大学经济管理学院农业经济史博士点第一届博士研究生。作为一名在职攻读博士学位的学生，他克服了工作与学习之间的矛盾，在积极修完各门课程的基础上，结合在山东省政府应急办公室工作的实际，选择了新中国成立以来山东农业救灾史进行研究，其成果为未来山东省乃至全国农业救灾制度的改革与完善提供了史学借鉴。

　　作为指导教师，看到学生的著作得以出版，我倍感欣慰。希望王强能够结合所取得的成果，更好的开展工作。也相信该书的出版能够为农业经济史学工作者提供一定的营养。

王秀清

中国农业大学经济管理学院教授

2011 年 1 月 24 日

摘　　要

　　中国自古就是一个灾害频发的国度，作为农业大省的山东省，在其发展的过程中同样受到灾害的严重制约。如何规避灾害风险，促进经济又快又好的发展是本论文主要解决的问题。论文以新中国成立 60 年为时代断限，在回顾历史的基础上，探寻山东省灾害发生的规律，并总结救灾的基本经验。

　　论文认为，山东灾害频发的主要原因是受气候变化、地理环境以及经济建设布局失误等多种因素的综合影响。新中国成立后常发生的灾害类型中，旱涝灾害是主要的致灾灾种，对山东省粮食产量增长造成重大损失。具体而言，旱灾是主要致灾灾种，与粮食产量呈现明显的负相关。而洪涝灾害则仅呈微弱的低度相关。

　　对山东省救灾制度的研究是论文的重点。论文将山东省的救灾活动划分为新中国成立初期（1949—1957）、人民公社时期（1958—1978）、改革开放以来（1979—2009）三个时期，认为在分一个时期救灾活动既有共性，又有自己的特征。在新中国成立初期，在恢复经济建设的同时，面临着严重的灾害威胁。山东省响应中央救灾政策，建立了生产救灾委员会，并完善报灾勘灾制度，形成了生产自救、政府赈济、开展社会互助、吸收传统救荒经验、派遣军队救灾、建立仓储制度等一系列行之有效的救灾制度，效果明显，有力地促进了山东国民经济的恢复与发展。人民公社时期虽然受到政治的干扰，但在救灾制度的建设上仍取得了进步，在继承成功的救灾经验的基础上，创造性地发明了"瓜菜代"运动，生产救灾也渐向深入，防汛抗旱建设效果明显。但由于受到经济建设计划失误影响，减灾活动缺乏科学论证，并受到政治的严重干扰，各种建设事业耗费巨大。改革开放以来，随着国家建设重心的转移、家庭联产责任承包制的推行以及众多改革措施的全力推行，山东抗灾救灾工作成效显著，自然灾害救助能力、救灾工作的规范化、救灾快速反应能力，特别是应对突发特大自然灾害的应急能力均有了较以往明显的进步。新制度随着科技的进展而不断获得创新，灾害应急管理制度业已建立，救灾款发放随着国家财政制度的改革而改变，救灾与扶贫开始有效的结合起来。

总结 60 年的救灾制度演变，论文认为有几项经验值得关注：重视自然条件对灾害发生和救灾制度选择的影响、国家和地方政府财力对农业救灾效果的影响、救灾设备、救灾技术对救灾效果的影响以及强调政府和民间救灾组织的相互配合、预防措施与应急措施的相互作用。同时也必须警惕救灾中的寻租行为，并适当加大救灾的资金投入、培养灾民的防灾自救意识。

论文最后提出，未来救灾应建立多元化的救灾制度主体、坚持救灾与生产的结合以及完善灾害损失补偿机制等。

关键词：山东 灾害 农业救灾

目 录

□□□□□□□□□□□□□□□□□□□□□□□□□

图表目录

第 一 章

导　言

一、研究背景

作为世界上最大的发展中国家，中国地域辽阔、人口众多，但地区之间经济发展极不平衡。从所处的地理环境看，中国属于典型的大陆型气候，季风影响十分明显。这在有助于农业经济的发展的同时，也易形成种类繁多的农业灾害，使中国成为多灾之国。早在 20 世纪初，邓拓（1937）就对多灾多难的中国社会进行过深入的研究，他的著作成为灾荒史上具有现代意义救荒研究的起源，邓拓对历朝历代灾害数据的统计成为后世主要征引的主要参考资料。

据统计，在众多的灾害中，死亡万人以上的重大气候灾害，包括旱、涝、飓风、严寒、饥、疫灾等仅西汉初年至鸦片战争前就有 144 次。如果加上死亡万人以上的地震灾害，至少在 160 次以上。其中，导致十万、数十万乃至上百万人死亡的大灾荒有 20 次以上。而对明清时期死亡千人以上灾害所作的统计数据中，旱、涝、风雹、冻害、潮灾、山崩、地震等灾害，明代共有 370 次，共死亡 6 274 502 人，清代 413 次，共死亡 51 351 547 人，合计明清两代死亡千人以上灾害共 783 次，共死亡 57 626 000 余人（陈玉琼、高建国，1984）。至于灾害所造成的财产损失，更是无法计算。虽然从近代以来，随着现代化生产要素的引进和先进农业技术的传播，中国农业取得了长足的进步，利用世界上 7% 的耕地养活了世界 22% 的人口，但是中国的农业并未摆脱

"靠天吃饭"的局面，在很大程度上农业生产仍然受到自然灾害的限制与影响。新中国成立以来，中国自然灾害中中灾以上灾害明显增加、频率加快，灾害对农业波动的影响不断强化，已经成为中国经济发展的重要制约因素。1949年以来，除了三年灾害造成的农业生产波动异常外，无论是受灾面积还是成灾面积均总体呈上升趋势，1949—1960年间到2001—2007年间，受灾面积的平均值从24 610千公顷增加到45 379千公顷，成灾面积从10 312千公顷增加到25 370千公顷，而且从20世纪80年代到进入21世纪以来，受灾面积和成灾面积以及绝收面积的变异系数呈上升态势。从历年农业成灾率的变化情况来看，农业成灾率从20世纪50年代的年均7.03%逐步上升到20世纪80年代的13.74%，进入21世纪后，存在继续上升的趋势，2001—2006年年均成灾率为16.43%，这表明中国农业从受灾到成灾有上升的趋势；其中，从洪涝成灾率和旱灾成灾率的变动情况来看，旱灾成灾率远高于洪涝成灾率，1949—2006年间约平均高出2.7个百分点。这表明农作物的成灾程度与旱灾有着不可分割的联系（王强等，2009）。

随着全球变暖形势的日益严峻，灾害更成为一个全球化的问题。董杰等（2004）认为，本世纪全球气候进一步变暖将可能导致我国北方干旱趋势仍将延续，南方雨量增加特别是暴雨和台风的增加，会使洪涝灾害扩大加剧。沿海地区由于海平面上升，海岸带灾害主要是风暴潮呈现加剧趋势、农林病虫害、滑坡与泥石流、水土流失与土壤侵蚀灾害也将发展。张赐琪（2007）指出，气候变暖导致的旱涝趋势异常、农业灾害频繁、病虫害加剧，由于蒸发和干燥呈增加趋势而导致沙漠化、盐碱化等，使我国农业生产，尤其是粮食生产的自然波动从过去的10%增加到20%，极端年景甚至达到30%以上。2008年初广东的冻灾以及"汶川地震"更是时刻提醒我们必须密切保持对灾害的关注与警惕。灾害已经成为影响可持续发展的重要制约因素。

　　山东作为一个人口大省和农业大省，气候属暖温带季风类型，有利于农业生产发展，但因受到海洋、地形、纬度、季风等因素的影响，农业气候特别是水量在季节分布极为不均，防汛抗旱的任务更为严峻，2008 年底至 2009 年初的旱灾再一次提醒，山东省在农业领域的抗灾救灾任务任重而道远。如何规避灾害，减少灾害造成的损失，成为一个严峻的、有现实意义和应用价值的课题。

二、国内外研究述评

（一）中国灾荒史与灾荒理论的研究

　　研究历史时期中国政府与民间救灾的国内外文献可谓汗牛充栋，难以尽述。救灾也称荒政，20 世纪 80 年代至今，荒政研究进入了一个全新的发展阶段（邵永忠，2004）。80 年代以后，随着政治环境的日渐好转，人类对自身生存状况的更多关注，对减灾抗灾问题的日趋重视，尤其是 1991 和 1998 年两次百年不遇的特大洪水的发生，学术界对荒政史又重新给予了关注，并使其迈入了一个全新的阶段。荒政史研究的范围日渐扩大、视角逐步拓宽、方法更加多样化、成果也层出不穷，荒政史的研究又出现了一个新高潮，相关的研究论文难以尽数。

　　如何救济灾害是备受磨难的中国人长期思考的一个问题，这一思考从南宋的董煟的《救荒活民书》就开始了。董煟将救灾分为事先、临事、后事之政三个阶段，即现在所说的预灾、减灾、救灾的过程。这一论断基本上奠定了传统社会灾荒救济理论的研究格局。但他的理论中尚包含了当今社会视之为"迷信"的禳灾制度，当然这种观点值得商榷（李军、马国英，2008）。具有现代意义上的救荒研究，当属民国时期邓拓所著《中国救荒史》，但是他的研究也多是在董煟的框架中进行。这种传统的理论框架不能一概否定，而应辩证的借鉴。

　　虽然邓拓（1937）更多的是偏向于传统社会，截止民国初年，但是他所做的总结研究仍旧开创了当代中国灾荒史研究的新局面。孙绍骋（2004）也有相当篇幅论及传统社会的救灾工作，但更多的是论述当代的救灾工作，在时间上与邓拓（1937）形成了有效的补充；康沛竹（2005）对共产党执政以来防灾救灾工作的总结；近些年来，一些学者注重从管理与技术层面分析灾害问题，注重灾害研究的实用性，比如，王国敏（1997，2007）重点探讨自然灾害的风险管理与防范体系，潘晓成（2008）关注的是转型期的农业风险与保障机制。

从1980年以来，学术界对于救灾问题的研究进入了一个新的阶段。经济学家和非经济学家对于灾荒的研究表现出更浓厚的兴趣，对灾荒形成的原因、如何防灾和如何救灾等方面进行了全面的阐述，在构建经济学框架来分析灾荒方面也有了较大的发展，形成了具有指导意义的研究灾害经济理论，特别是森（Sen，1984）"交换权利"理论的提出，使灾害领域的研究步入新的阶段。森通过对印度、孟加拉、撒哈拉、埃塞俄比亚等灾害发生严重的发展中国家或地区灾荒问题的实证研究，对饥荒是由粮食供应减少（FAD）的传统理论，提出质疑和挑战。森认为，FAD理论未能深入研究人与粮食之间的关系，使我们不能对饥荒作出全面的解释。只有深入到社会、政治和法律的层面，才能全面探究灾荒的原因。

"交换权利"理论在中国灾荒的研究中得到了广泛的应用，特别是在"1959—1961"年所谓三年灾害的研究中予以部分验证。代表性的文献主要有Bernstein（1984），Lin and Yang（2000）、周飞舟（2003）以及新近的文献，如范子英、孟令杰（2007）等。根据学者的研究，"三年饥荒"发生的往往可能是，过高的名义征购率加上实际产量的下滑导致农民可支配粮食急剧减少，以致不能维持基本生存需要导致大范围的饥荒（Bernstein，1984）；也可能是城市偏向决定了一省人口死亡率的主要原因（Lin and Yang，2000）；当然，由于中国国情复杂，地域差别难以避免，饥荒导致的人口死亡也呈现差异，导致饥荒及饥荒差异的原因在于地方政府救荒不及时和救荒能力的低下，高昂的省际调粮的执行成本和迫于政治压力而未向中央政府求助，使救灾权利丧失（周飞舟，2003）。此外，由于受统购统销政策影响，经济作物主产区收到的影响比传统缺粮区的影响大的多（范子英、孟令杰，2007）。显然，从理论层面分析、解释中国饥荒问题时，森的理论比 FAD 理论更为有效。

在对灾害经济学理论的梳理方面，Ravillion（1997）与何爱平（2006）做出了较为完善的整合。前者的整理主要集中于西方经济学家中关于救荒的一些观点，如森（Sen，1981）、阿罗（Arrow，1982）、索洛（Solow，1991）。他认为，认为尽管有个别案例证明政府在救荒某些方面获得成功，但更多的是失败，因此，研究灾荒中的政府行为至关重要；而后者则对国内外流行的关于灾害经济的相关理论进行了翔实的介绍与总结，这些理论包括交换权利理论、统计物理学理论、可持续发展理论、区域经济理论等，它们都是研究灾害问题的重要理论工具。

近些年来，部分学者在关注生态环境演变与经济持续增长关系的同时，提出了以可持续发展理论研究中国减灾防灾的问题。中国经济的发展表明，我国灾害愈来愈烈的一个重要原因就是社会生态资源严重失衡，自然灾害与生态破坏相互交织，互为因果。陈文科（2000）认为农业灾害是大国可持续发展的一个重大难题。史培军、郭卫平等（2005）也认为减灾是可持续发展的重要内涵。

（二）山东农业救灾问题的研究

区域灾害经济研究方面的缺失是灾害学研究中的一个重要问题。本论文选取山东省为代表，是基于山东作为农业大省、灾情复杂的现实、文献研究的缺失以及其在全国经济中的重要地位。

与广东、上海、江苏等沿海经济发达省份相比，作为较为发达的经济大省与多灾省份的山东，研究者虽然做过一些研究，却仍存在许多缺憾，有待我们的研究予以补充。

1. 灾害资料的搜集　山东灾害史料的搜集开始于上世纪七八十年代。1979 年，山东省农业科学院赵传集编撰的《山东历代自然灾害志》把山东历代自然灾害分为旱灾、涝灾、洪灾、风暴、冰雹、冰雪、潮灾等不同类型，按照年代先后分别进行编排，并注明材料出处，此套丛书具有很高的史料价值，遗憾的是此套丛书至今只能见到油印本，尚无正式出版。李文海等（1990，1993）按年度、分省区对近代中国的灾荒情况进行探讨，其中一部分内容是对山东灾荒史料的整理。魏光兴、孙昭民（2000）是目前为止，对山东灾害研究作为全面、长时段的研究，这一研究同样包含了大量的灾害资料，且更为系统。地方志材料的利用是研究区域经济史的重要工具，山东省地方史志编撰委员会编写的《山东省志》中的《地震志》、《气象志》、《水利志》、《民政志》、《黄河志》以及各地史志办编撰的地方志等都有灾害相关资料的记载，特别是在"民政志"部分，汇集了灾害救济的主要内容。

2. 灾害救济制度的研究　对于山东灾害的整体研究，必须一提的是高秉伦、魏光兴（1994）的著作，该书系统介绍了山东各种自然灾害的种类、成因与预防对策，可以说是目前研究山东灾害与防治的重要参考书。何佳梅（1992）分析了山东省主要农业灾害的综合特征，并对危害最甚的旱、涝、碱、干热风及水土流失等灾害的特征和分布，进行了剖析，提出了加强对灾害的科学研究，建立优化生态环境，保持水土、科学引黄等有关的灾害防减措施。丁希滨等（1992）系统地阐述了自然灾害对山东省主要农作物的损害及防治对策。

虽然山东省的灾害种类复杂，但最主要的是气象灾害，特别是旱涝灾害，李爱贞（1994）、孟昭翰（1995）阐述了农业气象灾害的特征与防治对策。山东省水旱灾害编委会（1993）、山东省水利厅水旱灾害编委会（1996）组织人员编辑了两本研究水旱灾害的论文集，汇集了省内外多篇相关领域的文献，为开展水旱灾害的防治提供了良好的基础。季新民、尹长文（2002）分析了山东省水旱灾害的历史和现状，对水灾和旱灾的趋势进行评估和预测，根据水利工程现状和存在的问题，提出了防治措施，并就抗御特大水旱灾害的紧急对策进行了研究探讨。一般而言，山东省水旱灾害有频率高、概率大、季节性、连续性、地区分布不均匀等特点（王轲道，2000）；马培元（2004）总结了山东省旱灾产生的影响、原因和对策。薛德强等（2007）利用山东省近50多年的农业旱灾灾情资料和降水资料，分析了干旱灾情和致灾因子的变化特征。这些研究有助于了解山东省水旱灾害的基本状况。

　　山东有着漫长的海岸线，浩瀚的海洋在给沿岸人们带来丰裕的物产外，也因灾害的无常而使沿海居民受到磨难。赵德三（1991）系统研究了山东省的沿海区域环境与灾害，从长远看，这一研究也有助于探讨如何实现沿海地区经济的可持续发展；赵德三、季明川（1993）从灾害学的角度分析了山东沿海地区台风灾害的发生特点、规律、类型与成因，探讨了防治和减灾对策。刘敦训（2006）等系统的统计分析了山东省沿海及责任海区海雾、风暴潮、风暴海浪、海冰等几种主要海洋气象灾害的海洋、气象及分布特征和灾害情况，进一步分析了它们的变化规律和产生原因。与以上研究不同，王红霞（2005）、郭玉贵（2005）重点研究沿海地区的地质灾害，将其划分为地震、地面变形、边坡灾害、流体灾害、水土质变异、气相灾害、不稳定沉积和其他地质灾害因素等八类。

　　山东是一个多地震省份，自公元前70年以来的地震灾害就频繁发生，具有强度大、频度低、人员伤亡惨重、建筑物破坏严重、地震造成的地面形变类型多种多样等特征（季同仁、季爱东，1994）。山东省地震带大致可以分为 7 个主要地质灾害区（地面沉降、地裂缝、采空塌陷、岩溶塌陷、崩塌滑坡泥石流、崩塌泥石流、海咸水入侵）、26 个地质灾害地段（郑庭明，2007）。高家富（1990）对山东省的地震、抗震防灾和抗震防灾管理对策等问题进行了研究。

其他灾种中，马红松、张立波（2005）根据对山东省雷电历史资料的分析，认为山东省属于雷暴发生频繁地区，雷电事故多发区。通过近年来防雷安全检测、防雷工程设计审核、灾害事故分析与鉴定等防雷工作的实践，总结出目前山东省防雷工作中所存在的问题，并提出相应对策。王寿元等（1991）探讨了山东省冰雹发生规律及防御措施。

3. 灾害影响的研究 从目前看，灾害已经成为影响山东省经济可持续发展的一个重要因素（信忠保、谢志仁，2005）。作为经济主体部分的农业经济在所有的产业中最易受到灾害的影响，阎虹、韩静轩（2006）探讨了自然灾害对山东省农业经济的影响，指出从 20 世纪 80 年代至 2004 年，山东省平均因灾损失粮食 10 亿公斤左右，造成经济损失 20 亿元以上；灾害已严重影响了农民的收入与消费水平，1999 年之后，灾害的总体趋势呈现下降趋势而支出呈上升态势。

毫无疑问，农业灾害对经济的影响主要表现在对粮食产量的影响上（Kueh，1986；Downing，1992；Adams，1999；李茂松等，2005 等）。从 1961—2000 年 40 年的发展趋势看，气温和降水是造成山东省粮食产量波动的主要原因，在"暖干"气候背景下，气温与气候产量为负相关，降水量与气候产量呈较显著的正相关；农业自然灾害是造成粮食单产产牛波动的主要原因之一（廉丽姝，2005）。王学真等（2006）也通过时间序列数据回归函数的建立证明，受灾面积与粮食产量呈现明显的负相关。既使从更长时段看，16 世纪以来的旱灾与粮食产量之间也呈负相关。（陈玉琼、安顺清，1987）。

三、现有文献反映的问题

已有文献的研究在探讨山东省灾害概况、救济制度与社会影响方面取得了显著的成就，对于开展救灾工作、完善救灾措施方面具有较好的借鉴作用。但从这些文献看，也存在一些明显的可以完善的地方：

（1）最重要的问题之一是研究涉猎范围较短，缺乏长视角、多灾种的综合分析。魏光兴、孙昭民（2000）的著作虽然涉及面广、时段长，但较多地关注事实的叙述，缺乏深入的分析；特别是缺乏新中国成立初、"人民公社"时期以及改革开放以来各种救灾制度演变的分析；其他文献则多集中于单一灾种的、短暂时期的研究。特别是对于新中国成立后灾害与救济的研究更是缺乏完整系统的考察，使历史的借鉴性难以完整的体现。

（2）对救灾制度的研究主要集中于工程方面，较少对具体的救灾政策、机构演变、经济成效进行分析；对山东农业救灾缺乏有针对性的总结与效用的评价，不能反映现有的救灾制度体系。

（3）从区域与整体的关系看，视野往往仅局限于一地，缺乏跨区域的、整体的观察，使文献的普遍指导意义有所缺失。

（4）从文献写作的时间看，近些年来的文献较少，不能反映山东省农业灾害与救济制度的现状。

（5）从研究运用的方法看，多是描述性的统计分析，缺乏历史学与经济学方法的使用。

四、相关概念的界定

（一）农业灾害

研究农业灾害必须对其作出确切的定义。近些年来，农业灾害史的研究收到多方面的关注，但是由于现代灾害学理论体系尚处在建设之中，权威性的理论方法尚存在不尽如人意之处，建立于灾害经济学基础上的农业灾害史的研究因此在一些概念的定位与运用上也不统一，大致而言主要有这样几种：

所谓农业灾害，指的是农业生产所依赖的自然力由于逆向演替使农业系统从有序进入无序状态及由此引起农作物歉收现象。它主要包括直接危及农用动植物和农业生产的不利气象条件的农业气象灾害，如水、旱、风、暴、霜、雪和低温；病、虫、草、鼠、鸟、兽等类有害生物流行蔓延，对农作物、林木、牧草、家畜等造成严重危害的农业生物灾害（陈关龙，1991）。

农业灾害是指"凡直接危害农业生物、农业设施和农业生产环境，影响农业生产的正常进行，并进而影响人类生存或利益的灾害。农业包括种植业、畜牧养殖业、林业和渔业在内的大农业；所涉及的农业生物包括栽培植物，畜、禽、鱼、虫等饲养动物，人工培养的微生物及对人类有用的野生动植物及有害生物的天敌等；农业设施包括土地，水利工程、机械、温室、仓库、加工厂等。有时，农业生物虽尚未直接受害，但农业生产所依赖的自然资源和环境条件恶化，将对以后的农业生产造成严重影响，也属农业灾害的范畴。农业灾害是从承灾体的角度出发划分的一种灾害类型，以农业生物、设施和生产环境为其危害对象"（郑大玮、张波，2000）。

农业灾害是指给农业造成危害的各种灾害的总称，农业灾害是灾害体系的一部分，判断某一种类的自然灾害或人为灾害是不是农业灾害，关键要看它是否给农业造成危害，只要是给农业生产条件、农业生物体及农业劳动者造成破坏或损害的各种灾害，都可以称为农业灾害（陈文科，2000）。

农业灾害是指直接危害农业生物、农业设施和农业生产环境，影响农业生产的正常进行，并进而影响人类生存或利益的灾害（阎峰等，2006）。

农业灾害是对农业生产的正常顺利进行构成危害或破坏的灾害，它是灾害系统的一个重要组成部分（卜风贤，2006）。

论文将借鉴以上学者归纳的概念，认为农业灾害即是对农业生产、生活造成危害的各种类型的灾害形式，包括各种气象灾害、地质灾害以及生物灾害，本文的探讨将以气象灾害为主。

（二）农业救灾制度

围绕农业灾害进行的救济称之为农业救灾。对于救灾制度的定义，王子平（1998）认为：救灾制度是"中央和地方政府动员和组织社会公众运用各种手段和力量，通过多种方式，努力消除灾害造成的破坏性后果，恢复基本生存条件以保证灾区人民生存下去并获得重新发展的必要条件而开展的社会性活动。"农业救灾制度即是围绕农业灾害采取的具体的措施和方法，可以分为政府救灾制度和民间救灾制度两个层次。

五、研究方案

1. 研究目的　希望通过对新中国成立 60 年来我国重要的农业大省——山东省农业救灾发展史相关问题的梳理与总结，探讨各个历史时期农业救灾制度运行的成功与失败经验，为探索未来的农业救灾制度改革提供史料参考。

2. 研究思路与创新　2009 年是新中国成立 60 周年，对这 60 年的农业救灾史进行梳理与总结有助于今后救灾工作的开展，有着极强的现实价值与应用价值。论文将对新中国成立 60 年来的中国农业救灾制度进行系统的研究，主要创新之处如下：

划分为不同的阶段，以分析不同阶段的特征。比如主要救灾方式、灾种类型、成效、物力、人力、财力的投入等等。时期主要划分为：1949—1957（新中国成立初）、1958—1978（人民公社）、1979—2009（改革开放以后）。

扩充救灾制度研究的内容与构成。研究层面不仅仅局限于政府层面，还将更加关注民间层次。不仅关注灾害的救济，更多研究灾害的预防。政府与民间作为一个整体，如何相互配合补充，各自承担的主要功能。预防与应急是一个整体，没有很好的预防，应急的成本乃至救灾效果迥异，从应急角度出发才能更好地做好预防。研究内容注意长视角的分析。

3. 研究内容 本文的研究内容主要包括：建国 60 年来农业灾害总体分析与分时期认识；具体各个时期农业救灾的效果、制度及原因；农业救灾不同时期的比较分析；救灾总结与借鉴；对未来的展望等。

4. 拟解决的关键性问题 将在长时段对山东农业救灾史进行研究，对各种灾种的量化分析、救灾制度的研究、不同时期救灾制度的差异及其原因以及政府与民间救灾制度的互补性；探求适合不同区域、不同灾害形式的救济经验是关键性问题。

六、研究方法、技术路线

1. 研究方法 本研究将较多地采用经济学统计分析方法、历史学方法相结合的方式进行科学分析；通过历史文献的整理分析总结灾害的次数与破坏程度；通过经济学方法的运用探讨灾害影响的程度以及分析政府在不同时期救灾制度的选择。

2. 技术路线 本文将遵循以下技术路线进行分析：

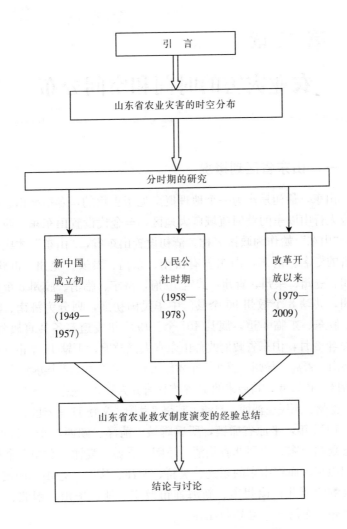

第二章

农业灾害的时间和空间分布

一、山东省区划概况

山东，最初是作为一个地理概念见于史籍的，专指崤山、华山或太行山以东的黄河流域广大地区，至金代设置山东东、西二路，"山东"始作为政区名称。清初设置山东省，"山东"才成为一省的专名。清末，山东省有济南、东昌、泰安、兖州、沂州、曹州、登州、莱州、青州、武定10府，济宁、临清、胶州3个直隶州，共辖8个散州96个县。中华民国初期，划分为济南、济宁、胶东、东临4道，属县107个。1928年废道，各县直属省。1949年3月，山东省政府改称山东省人民政府，下辖14个市（包括济南、青岛、徐州、潍坊4个省辖市）、140个县、2个办事处、2个特区。1950年，将原来的16个专区合并为滕县、临沂、泰安、沂水、德州、惠民、淄博、昌潍、胶州、莱阳、文登11个专区。

1952年，平原省撤销，所属聊城、菏泽、湖西3个专区29个县划归山东。原河北省临清、馆陶、恩城、夏津、武城5个县划归山东。而将山东的东光、吴桥、宁津、庆云、盐山、南皮6个县划归河北；徐州市、新海连市及丰、沛、华山、铜北、赣榆、邳、东海8个县划归江苏。

1953年6月，滕县专区更名为济宁专区。7月，撤销湖西专区和沂水专区，将其所属县市分别划归济宁、菏泽和临沂专区。1954年12月，撤销淄博工矿区，设立淄博市。1958年，莱阳专区更名为烟台专区。1960年，撤销峄县，设立枣庄市。1963年，河南省东明县划归山东。1964 年，范县划归河南。1965 年，馆陶划归河北，河北省的宁津县、庆云县划归山东。1967 年，专区更名为地区，全省共辖德州、惠民、昌潍、烟台、临沂、泰安、济宁、菏泽、聊城 9 个地区，济南、青岛、淄博、枣庄 4 个省辖市，5 个县级市，107 个县。

1981 年 5 月，昌潍地区更名为潍坊地区。1982 年 11 月，设立省辖东营市。1983 年，撤销烟台地区、潍坊地区、济宁地区，设立地专级烟台市、潍坊市、济宁市。1985 年，撤销泰安地区，设立地专级泰安市。1987 年，威海市升为地专级市。1989 年日照市升为地专级市。1992 年，惠民地区更名为滨州地区，莱芜市升为地专级市。1994 年，撤销临沂地区、德州地区，设立地专级临沂市、德州市。1997 年，撤销聊城地区，设立地专级聊城市。2000 年，撤销滨州地区、菏泽地区，设立地专级滨州市、菏泽市。

至 2006 年底，全省划分为济南、青岛、淄博、枣庄、东营、烟台、潍坊、济宁、泰安、威海、日照、莱芜、临沂、德州、聊城、滨州、菏泽 17 个地级市，140 个县（市辖区 49 个、县级市 31 个、县 60 个），1 932 个乡（街道办事处 466 个、乡 276 个、镇 1 190 个）①。

二、农业自然灾害的动态变化

中国以农立国，自然灾害是农业经济发展的重要滞力，与世界其他国家相比，中国的灾害无论是在数量上还是在危害度上都是罕见的。山东作为中华文明的重要组成部分，不仅仅在文化上作出了重要贡献，同样是一个农业经济高度发达的地区，是我国主要的农业经济作物种植区域之一。农业作物主要品种有小麦、

---

① 山东省行政区划演变主要参见，山东省情网之行政区划，http：//www. infobase. gov. cn/overview/2009overview/201003/article _ 124. html

玉米、地瓜、大豆、高粱、谷子、水稻、棉花、花生、烤烟、麻类、蔬菜、水果、茶叶、药材、牧草、蚕桑等，是全国粮食、棉花、花生、蔬菜、水果的主要产区之一。农业经济的发展过程，不可避免的受到各种灾害的侵袭，农业灾害是山东省农业资源利用效益的重要制约因素。山东省的主要灾害类型大致可以划分为：气象灾害、洪涝灾害、地质灾害、海洋灾害、地震灾害、农作物灾害以及森林灾害等等，几乎囊括所有的灾种（表2-1）。

表2-1　山东省主要灾害类型

气象灾害	干旱、冰雹、暴雨、大风、台风、干热风、冷冻、霜灾、雷击
洪涝灾害	洪水、涝渍
地质灾害	地面塌陷、地面沉降、海水入侵、地裂缝等
海洋灾害	风暴潮、大风、海浪、海冰、海啸、海雾、赤潮、污染、海难
地震灾害	构造地震
农作物灾害	病害、虫害
森林灾害	病害、虫害、火灾、森林气象灾害

资料来源：魏光兴、孙昭民，《山东省自然灾害史》，地震出版社，2000。

山东省灾害历史悠久，我国古籍中有着长达几千年与灾害抗争的记载。其中，公元前1831年（夏帝发七年）"泰山地震"（《竹书纪年》）是最早的关于地震的记载，此次地震就发生在山东。据高秉伦、魏光兴（1994）的统计，元代至民国时期的水旱灾害次数达到了1 000余次，年均灾害达到1.48次（表2-2）。就目前看，影响山东省农业的主要灾种有旱、涝、碱、洪、风、雹、干热风、水土流失、低温、病虫等诸类。其中旱、涝二者平均出现几率为66%左右，成灾面积可占全省灾害面积的60%～80%。

表2-2　元代以来山东地区水旱灾害次数与频率变化

	元		明		清		民国	
	次数	频率	次数	频率	次数	频率	次数	频率
水灾	68	1.53	185	1.49	236	1.14	37	1.00
旱灾	32	3.25	167	1.65	243	1.10	33	1.15

资料来源：高秉伦、魏光兴，《山东省主要自然灾害及减灾对策》，地震出版社，1994。

（一）旱涝灾害的时空变化

1. 旱灾的时空变化

（1）旱灾的时间特征。山东位于黄（河）、淮（河）、海（河）洪涝旱灾频发区，冷暖气团交接地带，降水时空分布不均，是全国水旱灾害的重点地区之一。其中，旱灾是最主要的灾种之一。从历史上看，旱灾就是制约该地区农业经济发展的最主要的因素之一。自公元1264—1948年的685年中，山东省共发生不同程度的旱灾465次，发生概率为67.9%。1368—1948年的581年间，全省当时共有107～109个州县，成灾10个州县以上的旱年261年次，平均2.2年一次；成灾30个州县以上的旱年121年次，平均4.8年一次；成灾50个州县以上的旱年54年次，平均10.8年一次；成灾80个州县以上的旱年10年次，平均58年一次（林峰，2005）。其中，清代的旱灾占总年数的81%。从近500年的发展趋势看，19世纪高于16世纪以来的任何时期（赵传集，1996）。目前，山东省多年平均降雨量684毫米，多年平均水资源总量为310亿立方米，人均占有量仅为357立方米，不足全国平均水平的1/6，资源性、工程性和水质性缺水是基本省情。

新中国成立后，防旱抗旱工作取得了很大成绩，但干旱灾害仍然很严重。除1964年外，几乎每年都有不同程度的旱灾（1967、1968、1969年资料缺失）发生。但统计农业灾害的发生

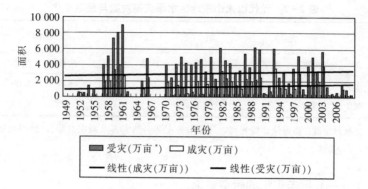

图 2-1　新中国成立以来山东省因旱受灾面积变化图

资料来源：历年《山东统计年鉴》。

次数、频率在界定上存在困难，因此本文的分析将借鉴受灾面积这一概念，从中大致应该能反映出较大灾害的发生情况。

1949—2008 年山东省农作物的受灾面积变化趋势如图 2-1 所示。20 世纪初期、80 年代初期和后期、90 年代后期以及 21 世纪初均出现了旱灾发生的波峰期。从旱灾的整个波动峰期，1959—1961 年的三年自然灾害在山东的发生情况是比较明显的。除此之外，从 20 世纪 70 年代后期以来，旱灾受灾面积呈连续扩大趋势。

1949—2009 年的 60 年中，山东省共有 59 年发生不同程度的旱灾，发生概率高达 98.3%。1968 年、1981 年、1986 年、1988 年、1989 年、1992 年、1997 年、1999 年、2001 年、2002 年、2009 年都是旱灾格外严重的年份，特别是 2002 年、2008 年的旱情更是百年难遇。赵传集（1996）认为，从历史周期看，山东省的干旱天气出现持续 60～100 天以上的现象是经常现象，并会出现多年连旱的局面。1959—1961 年，连续 3 年旱灾。

---

　　*　亩为非法定计量单位，1 亩≈667 米^2。——编者注

1965—1968 连续 4 年特大干旱、1981—1983 连续 3 年大旱。据统计，连旱两年的一般每隔 10～15 年发生一次，连旱三年的每隔 15～30 年发生一次。历史上连旱最长时间达到 14 年之久，为 1976—1989 年。

旱灾在一年四季中均有发生，但主要发生季节是春季、初夏和晚秋。据《山东历代自然灾害志》统计，1470—1969 年的 500 年间，山东发生春旱 131 次，大致为 3.7 年一遇，全省性夏秋旱 5 年一遇。新中国成立后的季节频率也大致一致。1949—1977 年之间平均 10 年 7 旱，其中春季 5 年 4 旱，夏季 3 年 1 旱，秋季 5 年 3 旱（山东省农业科学院，1989）。1996 年之前各地干旱主要发生在春季，最大发生概率是潍坊市，为 95.2%；其次是济宁市，春季发生概率为 88.1%；聊城、德州和惠民三地区春季发生概率为 85.7%，日照市春季发生概率为 52.4%。除春旱外，发生最多的是初夏和晚秋，此外还常常发生春夏连旱或夏秋连旱，惠民地区和淄博市春夏连旱，发生概率为 31.0%（山东省水利厅水旱灾害编委会，1996）。

根据《国家防汛抗旱应急预案》，干旱灾害等级按照如下标准可以划分为轻度、中度、严重、特大干旱四级：

表 2 - 3　《国家防汛抗旱应急预案》所列干旱标准

干旱等级	受旱区域受旱面积占播种面积的比例	因旱造成农（牧）区临时性饮水困难人口占所在地区人口比例
轻度干旱	≤30%	≤20%
中度干旱	31%～50%	21%～40%
严重干旱	51%～80%	41%～60%
特大干旱	>80%	>60%

资料来源：中华人民共和国中央人民政府网. http://www.gov.cn/yjgl/2006 - 01/11/content_155475.htm

以表 2 - 3 为据，对数据相对完整的 1978—2007 年的旱灾受灾面积与粮食作物播种面积数据进行计算。计算结果如表 2-4：

表 2-4 1978 年以来山东干旱等级标准计算结果

年份	播种面积 （万亩）	受灾 （万亩）	干旱等级标准计算 （受灾面积/播种面积）×100
1978	13 212.00	3 165.00	23.96
1979	13 102.50	5 000.00	38.16
1980	12 712.50	2 273.00	17.88
1981	12 225.00	6 157.00	50.36
1982	11 527.50	4 563.00	39.58
1983	11 692.50	4 200.00	35.92
1984	11 749.50	3 000.00	25.53
1985	11 976.00	3 280.00	27.39
1986	12 672.00	5 400.00	42.61
1987	12 322.50	3 741.00	30.36
1988	12 141.00	6 200.00	51.07
1989	12 087.00	6 000.00	49.64
1990	12 228.00	504.00	4.12
1991	12 132.00	1 349.00	11.12
1992	11 878.50	6 024.00	50.71
1993	12 319.50	2 491.50	20.22
1994	12 021.00	2 993.00	24.90
1995	12 198.00	1 793.00	14.70
1996	12 355.50	3 582.00	28.99
1997	12 124.50	5 140.00	42.39
1998	12 199.50	1 018.50	8.35
1999	12 148.50	3 850.50	31.70
2000	11 658.00	5 010.00	42.97
2001	10 730.27	3 240.00	30.19

（续）

年份	播种面积 （万亩）	受灾 （万亩）	干旱等级标准计算 （受灾面积/播种面积）×100
2002	10 368.92	5 680.50	54.78
2003	9 623.12	1 285.50	13.36
2004	9 470.82	414.95	4.38
2005	10 067.60	534.30	5.31
2006	10 498.70	1 539.02	14.66
2007	10 404.74	948.00	9.11

　　按照以上的干旱标准，改革开放以来，山东省轻度干旱的年份有 16 个，发生频率为 53.3%；中度干旱年份 9 个，发生频率为 30%；严重旱灾年份 4 个（1981、1988、1993、2002），发生频率为 13.3%。至 2007 年没有出现特大旱灾的年份。1990、1998、2004、2005 年旱情较少。旱灾受灾面积与等级变化波动图如下：

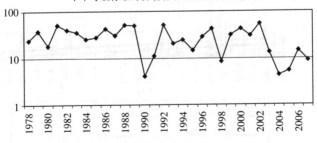

图 2-2　山东省干旱比例波动图（1978—2007）

　　（2）旱灾的空间特征。从区域分布看，山东鲁北地区的徒骇、马颊河流域旱灾最为严重，其次是小清河流域，再次是胶、潍、大沽河流域，沂沭泗流域，胶东、鲁南旱灾较轻。从具体地区看，旱灾灾情以胶东半岛和鲁中南地区（包括烟台、青岛、潍坊、济南、泰安、临沂等地市）最为严重，鲁西北平原（德州、聊城地区）次之，其受灾率皆在20%以上，最高的烟台市达到36.6%，其他地区则相对较低（蒋红花，2000；孟翠玲、徐宗学，2006）。

2. 洪涝灾害的时空变化

（1）洪涝灾害的时间特征。洪涝灾害是因大雨、暴雨或持续性降雨引发的水灾，是山东气象灾害中第二大类型。公元前711年的周桓王九年山东就有水灾记载，明洪武元年至民国38年（1368—1949）的582年中，山东共发生大水灾（水灾成灾州县占当时所辖州县的50%以上）31次，特大水灾（水灾成灾州县占当时所辖州县的70%以上）9次，平均约15年发生一次大水灾或特大水灾（季新民、周玉香，2000）。其中，1470—1979年间，全省大涝66次（山东省农业科学院，1989）。新中国成立后，通过水利工程的兴修和生态保护政策的积极实施，防御水灾能力大大加强。但水灾仍旧时常发生。

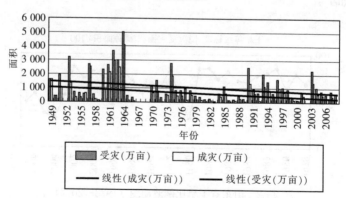

图 2-3　山东省洪涝灾害面积变动图

资料来源：历年《山东统计年鉴》。

从1949—2008年山东省农作物涝灾成灾面积（图2-3）可

见，除了 1967—1969 年外，仅有 1952 年未见洪涝灾害的记载，其他年份均发生了轻重程度不同的洪水灾害。水灾出现的年频率达到 93%。洪涝灾害比较严重的年份是 20 世纪的 50 年代前后期、60 年代中后期、70 年代初期、80 年代中后期、90 年代中期以及 21 世纪初期。通过对新中国成立以来山东灾害资料的分析，这几个时期也恰恰发生了几次大的水灾：比如"57·7"沂沭河和南四湖大洪水，"61·8"徒骇河、马颊河大洪水，"63·8"漳卫河大洪水，"64·9"大汶河大洪水，"74·8"沂、沭、潍、淋、白浪河大洪水，"85·8"胶东半岛大洪水，"87·8"济南市大洪水。

《国家防汛抗旱应急预案》以洪峰流量或洪量的重现期将洪水灾害分为特大、大、较大、一般四个等级（表 2-5）。

表 2-5　《国家防汛抗旱应急预案》所列洪水等级

洪水等级	洪峰流量或洪量的重现期
一般洪水	5～10 年一遇
较大洪水	10～20 年一遇
大洪水	20～50 年一遇
特大洪水	大于 50 年一遇

资料来源：中华人民共和国中央人民政府网．http://www.gov.cn/yjgl/2006-01/11/content_155475.htm

但这种分类的界定较为困难，这里借用丁素媛和尹正平（2003）对山东洪涝灾害的分类方法。该文将洪涝灾害按照绝对值和相对值分别提出两个分类标准，定为五级。从农作物角度看，绝对值和相对值可以合并为表 2-6：

表 2-6　洪涝灾害受灾标准

标　准	特大	重大	严重	较重	一般
农作物受灾面积（万亩）	≥5 000	≥1 000	≥1 000	≥10	≥0.5
农作物受灾面积/农作物播种面积	≥50	≥30	≥20	≥5	≥1

据表2-6所计算洪涝灾害1978—2007年的等级结果计算如下：

表2-7　山东省洪涝灾害等级标准计算结果

年份	播种面积 （万亩）	受灾面积 （万亩）	洪涝灾害等级标准计算 （受灾面积/播种面积）* 100
1978	13 212.00	828.00	6.27
1979	13 102.50	465.00	3.55
1980	12 712.50	388.00	3.05
1981	12 225.00	214.00	1.75
1982	11 527.50	245.00	2.13
1983	11 692.50	98.00	0.84
1984	11 749.50	619.00	5.27
1985	11 976.00	1 129.00	9.43
1986	12 672.00	156.00	1.23
1987	12 322.50	210.00	1.70
1988	12 141.00	460.00	3.79
1989	12 087.00	250.00	2.07
1990	12 228.00	2 500.00	20.44
1991	12 132.00	988.00	8.14
1992	11 878.50	670.50	5.64
1993	12 319.50	2 037.00	16.53
1994	12 021.00	1 491.00	12.40
1995	12 198.00	640.00	5.25
1996	12 355.50	1 661.00	13.44
1997	12 124.50	1 054.00	8.69
1998	12 199.50	934.50	7.66
1999	12 148.50	345.90	2.85
2000	11 658.00	180.00	1.54

（续）

年份	播种面积 （万亩）	受灾面积 （万亩）	洪涝灾害等级标准计算 （受灾面积/播种面积）*100
2001	10 730.27	745.50	6.95
2002	10 368.92	5.85	0.06
2003	9 623.12	2 295.00	23.85
2004	9 470.82	1 075.50	11.36
2005	10 067.60	786.00	7.81
2006	10 498.70	549.75	5.24
2007	10 404.74	796.20	7.65

洪涝灾害受灾面积与等级变化图如下：

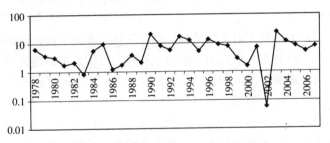

图 2-4　山东省洪涝灾害变化图（1978—2007）

由图 2-4、表 2-7 可见，按照如上统计标准，任何一级均显示，改革开放以来山东洪涝灾害未出现特大、重大灾情，严重洪涝灾害出现过两次，1990 年和 2003 年，发生频率为 6.67%；较重水灾出现过 16 次，发生频率为 53.3%。1983 年、2002 年洪涝灾情最轻。

从长时段看，虽然未见全省范围的特大洪涝灾害，但个别地区却会发生。比如惠民、聊城两地区大到特大涝灾平均 18～20 年一遇。惠民地区在从 1470—1979 年的 510 年中，特大涝灾 9

次，大涝灾 16 次；聊城地区 1376—1979 年的 604 年中，特大涝灾 8 次，大涝灾 24 次（山东省农业科学院，1989）。新中国成立后的 1957 年、1964 年是洪涝灾害较大的年份。

从季节上看，山东省的洪涝灾害主要集中于 6～9 月的夏秋汛期，尤以秋涝为多，春涝和冬涝很少发生。新中国成立前有高达 95％以上的洪涝灾害发生在此一时期，新中国成立后发生的次数也达到了 70％以上。这是因为夏季太平洋暖湿气团随副热带高压北移，与南下冷气团相遇，导致山东降水 60％～70％集中于 6 月底至 8 月，故而常有大到暴雨。据《山东省志·气象志》统计，山东各地暴雨平均初日在 6 月中旬至 7 月下旬，其中，枣庄最早为 6 月 15 日，禹城最晚为 7 月 27 日；平均终日大多在 8 月份，其中，昌邑、利津、齐河最早为 7 月 31 日，最晚终日大多出现在 9 月或 10 月。降雨时间的集中也会诱发大规模的洪涝灾害。

（2）洪涝灾害的空间特征。山东洪涝灾害由于地区降雨的差异，在空间分布上呈现出一定的差异性。总体是平原地区洪涝灾多，山丘地区洪涝灾少，特别以鲁西北平原和湖西平原地区为最重，尤以惠民、聊城、德州、菏泽最甚，次为济宁、枣庄等地。南四湖流域沿运滨湖地带，济宁、金乡、鱼台等县（市）是山东省洪涝灾害最为频繁的地区，其次是徒骇、马颊河中下游，小清河流域中下游，弥河下游及潍河、胶莱河之间地区和沂沭河下游地区，均为洪涝灾害多发地区。而泰山、蒙山西麓的汶、泗两河中、上游，胶东半岛中部及沂、沭河上游等地区洪涝灾害较少。从区域看，以鲁西、鲁北、鲁中、鲁南、胶东为序依次递减。

综合旱涝灾害进行比较分析，从时间看，山东省全年性的干旱或季节性干旱出现频率往往多于全年涝害或季节性涝害频率；从区域看，地区间发生旱涝灾害的差异明显。其中，鲁北、鲁中偏旱年、偏涝年比较多，鲁西北特大涝灾发生较多，鲁西部偏旱年较多，半岛偏涝与偏旱年均少于其他地区。

3. 黄河洪水灾害　黄河下游流经山东，在给山东人民带来生产生活便利的同时，已常常通过灾害的发生对沿岸经济形成巨大障碍，黄河造成的灾害形式主要有决口、漫滩等形式。

（1）黄河决口与漫滩。黄河决口在中国历史上常常形成毁灭性的灾害，引发社会动荡。据统计，从1855—1938年的83年中，57年有决溢灾害的发生，占总年数的69%。新中国成立后，没有发生决口，主要以漫滩灾害为主，表现为滩地洪灾、东平湖洪灾两种形式（山东省水利厅水旱灾害编委会，1996）。

（2）黄河凌汛决口。黄河凌汛决口是山东一种因特殊的环境造成的水灾形式。处于黄河的下游的山东地区，在冬季由于封冻期长、积累冰凌量大时，特别容易发生凌汛决口。史书记载，从《汉书·文帝纪》所记："河决东郡（今河南濮阳市以东一带）"，至清咸丰五年（1855）的2000多年中，有明确记载的凌汛决溢仅有10多次，且主要发生在山东、河南境内。自1883年至1936年的54年中，就有21年凌汛期发生决口，平均五年二决口。新中国成立后，也时有凌汛发生。自1948年至1992年的44年中，有28年发生冰封，冰封年份中，利津以上河段发生冰凌堆积形成严重凌汛的有8年（山东省水利厅水旱灾害编委会，1996）。据《山东省志·农业志》记载，新中国建立以来，1951年、1955年、1968年、1970年、1979年，分别在利津王庄、齐河顾小庄和李聪、邹平梯子坝、济南老徐庄等地发生决口，受灾范围最大的是1968年，齐河、邹平的3处决口，波及160个村庄，冲毁土地17.4万亩。

（二）低温灾害与寒潮

低温灾害是农作物生长期内，因温度偏低，影响正常生长，或者使农作物生殖生长过程发生障碍而导致减产的冷害类型。主要表现为霜冻害、冻害、冷害等三种形式（表2-8）。

表 2－8　山东省低温灾害的主要类型

种类	按季节分类	按成因分类	气温范围（0℃）	主要危害作物
霜冻	春霜冻	平流霜冻	−5～5	冬、春小麦及其他春播作物，桑、
	秋霜冻	辐射霜冻		果树、夏播作物
		混合霜冻		
冻害	初冬冻害	入冬剧烈降温型	−10～−22	小麦、秋菜、果树、林木
	严冬冻害	冬季持续严寒型		
	早春冻害	早春融冻型		
冷害	春季冷害	延迟型冷害	5～18	水稻、高粱、谷子、大豆、棉花、
	秋季冷害	障碍型冷害		玉米、小麦
		混合型冷害		

资料来源：根据山东省农业科学院主编，《山东农业发展历程与新趋势》相关资料整理，194～195 页。

从新中国成立 60 年看，虽然低温灾害几乎年年发生，但一些年份并不会导致农作物受灾，如 1049—1952 年、1955—1957 年、1960 年、1962—1974 年（这段时期有资料缺失的因素）、1976 年、1981—1982 年、1984—1986 年、2003 等年份。大致波动图如下。图 2－5 反映，除却资料缺失等因素的影响，20 世纪 50 年代初期、晚期以及 21 世纪是灾害较为严重的时期。

1. 霜冻灾害　在所有的低温灾害中，最主要的就是霜冻灾害。霜冻是春末秋初，由于冷空气的入侵，使土壤表面、植物表面以及近地面空气层的温度骤降到 0℃ 以下，使植物原生质受到破坏，导致植株受害，或者死亡的一种短时间低温灾害。其类型主要有平流霜冻、辐射霜冻以及混合霜冻等三种类型，山东发生的霜冻主要是后者。

山东地区的霜冻灾害历史记载颇多。据不完全统计，山东省

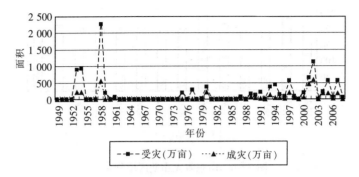

图 2-5　山东省低温灾害受灾成灾面积变动图

资料来源：历年《山东统计年鉴》。

仅明清两代（1368—1911）544 年间共有 91 年次霜冻害（《山东省志·农业志》）。赵传集（1983）、叶修祺等（1990）统计，山东历史时期平均 17 年出现一次严重霜灾，其中 3 世纪和 17 世纪是霜冻的两个高峰期。新中国成立后，霜冻灾害的发生有所减少，在时空分布上呈现不同的特征。

据《山东省志·气象志》记载，1949—1994 年的霜冻灾害有 23 年次，平均约两年一次，受灾最严重的是 1953 年、1954 年、1988 年，仅 1956 年没有霜灾的记录。进入 21 世纪，霜冻灾害也时有发生，2001 年、2002 年、2007 年山东均发生过破坏力极强的霜冻灾害。

山东的无霜季大致为 6～8 月，平均无霜期在 173～250 天之间。黄海沿岸和鲁北沿海地区在 220 天以上，其中马山子最长为 250 天，烟台次之为 243 天（《山东省志·自然地理志》认为是 244 天）；半岛内陆、鲁中山区北部、德州地区东部及惠民、枣庄、滕县、邹县、郓城、定陶等地在 200 天以下，其中莱阳最短为 173 天；其他地区在 200～220 天之间（《山东省志·气象志》）。各地区无霜期差异图如下：

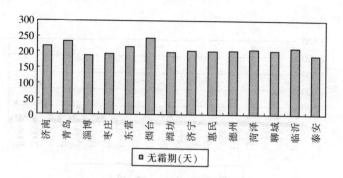

图 2-6　山东省无霜期区域分布图

资料来源：《山东省志·自然地理志》。

　　霜冻的发生主要集中在秋末和春初两个季节。从历史看，春霜冻占 71%，秋霜冻占 29%。新中国成立后的初终霜期，叶修祺等（1990）依据 1951—1980 年各气象台站记录统计，山东省平均初霜期为 10 月 20 日，终霜期为 4 月 10 日，初终间的日均为 170 天，无霜期 195 天。年际标准差 22 天；由于地理原因，全省不同地区间早晚可相差 20 天左右。根据高秉伦、魏光兴（1994）提供的 1951 年、1952 年至 1991 年的山东初终霜分布表，平均初霜期惠民最早，10 月 14 日，济南最晚，10 月 29 日。其中，最早初霜期中沿海晚于内陆，泰安最早，为 9 月 29 日，烟台最晚，是 10 月 16 日；最晚初霜期，兖州最早，为 10 月 17 日，烟台最晚为 12 月 27 日。终霜期中，平均而言是西部早，东部迟，济南最早，为 3 月 26 日；莱阳最晚，为 4 月 24 日。其中，最早终霜期济南最早为 2 月 11 日，莱阳最晚，3 月 29 日；最晚终霜期，烟台最早，4 月 10 日；莱阳最晚，5 月 14 日。王建国（2005）从 1971—2000 年的灾情数据看，初霜冻形成灾害的年份有 1971 年、1972 年、1984 年、1985 年、1991 年和 1999 年；终霜冻灾害的年份为 1971 年、1972 年、1983—1991 年、1993 年、1995 年和 1999 年共计 14 年。各地区初终霜对比图如下：

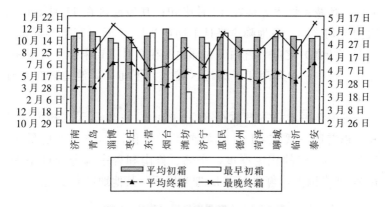

图 2-7　山东省初晚霜时间分布图

资料来源：高秉伦、魏光兴，《山东省主要自然灾害及减灾对策》，

地震出版社，1994 年。

2. 雪灾　雪灾也是影响山东地区的重要农业灾种，东汉时期山东省就有了雪灾的记录，自东汉中平四年（187）至元至正十九年（1359）的 1 172 年间仅有 3 次大雪或雪灾的记载。至清以后雪灾的记载明显增多。据阎虹、韩静轩（2006）统计，1840—2004 年，全省共发生冰雪灾害 45 年次、15 县次，平均1.6 年一遇，每年约 1.6 县发生灾害。其中最为严重的是 1841年与 1865 年，均有 14 县次发生冰雪灾。

根据《山东省志·气象志》以及《山东气候》等资料的统计，山东降雪积雪的地理分布以半岛为多。从降雪日数看，各地年平均降雪日数在 5.9（东平）～20.6 天（烟台）之间。半岛地区、鲁中山区、平原地区呈现递减局面，分别为 20 天、10 天、7～8 天。各地年积雪日数除鲁南和东南沿海地区在 10 天之下外，其他地区都是在 10 天之上，半岛 20 多天，烟台地区最多达29 天。

各地降雪初日平均在 11 月 6 日（龙口、威海）至 12 月 21日（鱼台）之间。半岛地区在 11 月上中旬；济宁地区和成武、

单县、郯城、临沭等地在 12 月中旬；其他地区在 11 月下旬至
12 月上旬之间。各地降雪终日平均在 2 月 26 日（东平）至 3 月
30 日（沂源）之间。鲁西南大部地区在 2 月下旬末至 3 月上旬；
鲁北、鲁中、鲁东南和半岛地区在 3 月下旬；其他地区在 3 月
中旬。

各地年平均积雪日数在 8.5（崂山）～36.5 天（栖霞）之
间。积雪日一般在 11 月份至次年 4 月份，其中一月份最多。
1971—2000 年的积雪厚度，半岛、鲁南和鲁中部分地区最多，
在 25 厘米以上，鲁西南在 15 厘米以下，其他地区介于之间。

表 2-9　山东雪灾情况（1949—2000）

时间	地　　点
1952	胶州　嘉祥　鱼台　单县　成武
1981	牟平
1985	龙口
1986	平原
1989	邹平　章丘　槐荫　临淄　桓台　滨州　济阳
1990	禹城　蓬莱
1991	东明　费县
1993	武城　聊城　临邑
1997	烟台
1998	莘县　东阿　东昌府　阳谷　临清　青州　寒亭　安丘　临朐　昌乐 沂源　博山　淄川　临淄　张店
1999	龙口

3. 寒潮　寒潮是冬半年重要灾害性天气过程，山东省对寒
潮标准作如下规定：受强冷空气影响，全省 17 个发报站中有 8
个以上的站最低气温低于或等于 3℃，过程降温大于或等于
10℃，沿海海面有 7 级以上偏北大风时为寒潮。据《山东气候》

统计，1971—2000 年山东省共出现 71 次寒潮，平均每年 2.37次，出现最多的是 1979—1980 年度，共出现 6 次，1977—1978和 1991—1992 两个冬半年没有出现寒潮。寒潮影响山东的时间自 10 月下旬开始，至次年 4 月下旬终止。1 月、2 月、3 月、4月、10 月、11 月、12 月的平均寒潮次数分别为：0.33、0.2、0.27、0.1、0.17、0.83 和 0.4 次。

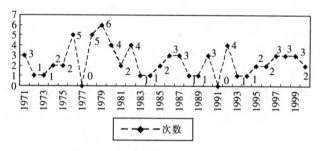

图 2-8　山东寒潮分布变化（1971—2000）

资料来源：王建国主编，《山东气候》，气象出版社，2005 年。

（三）风灾

中国气象局制订的《地面气象观测规范》和《1951—1980年全国地面基本气候资料统计方法》规定，瞬时风速达到 8 级或以上，即≥17.0 米/秒，即可称之为大风。受地理环境和气候影响，大风是山东一年四季常见的灾害之一。据统计，山东平均大风日数以北部沿海最多，为 166.4 天，其次为南部沿海，149.0天，半岛内陆 73.8 天，鲁北内陆 41.2 天，鲁南内陆 21.8 天（高秉伦等，1994）。可见，沿海地区近半年都会有大风的出现。各地区频繁出现的风灾引发复杂的灾情。概括而言，影响农业生产的主要有沿海地区台风灾害、干热风灾以及风雹灾害等。

1. 飓风、台风与风暴潮灾　山东半岛有 3 000 多公里黄金海岸，占全国海岸线的六分之一，居全国第二位，近海海域中散布着299个岛屿，岸线总长668.6公里。与其他许多省份相比，台风引发的海洋灾害从另一层面又给山东省农业生产带来影响。沿海地区大风日数达160天之多。影响山东的台风，大多是台风大风、台风暴雨、台风暴潮相互交织的，酿成严重的台风灾害。其中，最主要的是风暴潮灾害。

风暴潮灾又指"风暴海啸"或"气象海啸"，在我国历史文献中又多称为"海溢"、"海侵"、"海啸"及"大海潮"等，它是指由台风和温带气旋等灾害性天气系统导致海水异常升降，使受其影响的海区的潮位大大地超过平常潮位的现象。它主要有由台风引起的台风风暴潮和由温带气旋引起的温带风暴潮两大类。据统计，从公元前49年到1949年，山东沿海共发生风暴潮灾害96次，其中重灾33次。新中国成立以来至1990年的42年中，共发生风暴潮灾15年次，其中发生特大风暴潮灾5年次，分别是1964年、1969年、1951年、1955年、1990年（山东省水利厅水旱灾害编委会，1996）。

新中国成立后风暴潮灾害发生频繁。1949—2000年山东共发生风暴潮灾害53次，远高于新中国成立前500年间共发生93次较大风暴潮灾害的频率。按照《中国气象灾害大典·山东卷》对风暴潮灾害的分类，总共53次中，局地的为49%；小范围的42%；大范围的9%。近年来随着滩涂开发的加快，风暴潮灾的发生更加频繁。

影响山东的台风气旋主要是蒙古气旋、东北气旋、黄河气旋和江淮气旋。1949—2000年间，山东共有106次台风过境，平均每年2.08次，最多的1956年和1962年各有5次，其中，1952—1956年、1960—1962年、1972—1976年、1979—1982年以及1986—1990年为风暴潮的多发期，仅1968年山东沿海无台风影响（赵德三、季明川，1993；王建国，2005；王建国、孙典卿，2006）。台风过境往往引发暴雨，形成风暴潮灾。

从时间上看，袭击山东沿海的热带风暴，登陆或出海时间均在 7—9 月，即盛夏或夏末秋初。从 1884—1979 年的 90 余年的资料统计中，7 月 23 例，占总数的 48%；8 月 21 例，占 44%；9 月 4 例，占 8%。（《山东省志·海洋志》）1956—1984 年，影响山东的 76 次台风均出现在 5—11 月份，其中 7—9 月份发生台风 69 次，占总数的 91%；8 月份 37 次，占台风总数的 49%；12—4 月份没有台风影响（赵德三、季明川，1993）。温带风暴潮大多发生在春秋季，从历史时期（前 48—1949）看，春季多于秋季，分别是 73%、27%（刘安国，1989），特别集中于 4 月份，1949—1992 的 10 次中就有 9 次发生在这个季节。

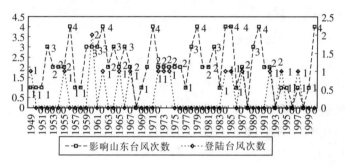

图 2 - 9　新中国成立以来山东省的台风年度
发生次数（1949—2000）

从区域上看，因台风引发的大风、暴雨、暴潮灾害呈现明显的地域特征。台风影响山东的最大风力，一般为 6～9 级，10 级以上的仅占 16%。瞬间风速有 43% 的可达到 24.5 米/秒，沿海地区可达到 40 米/秒。故而，胶东半岛、鲁东南沿海出现的较多，而鲁北地区相对较少（高秉伦等，1994；赵德三，1991）。温带风暴潮主要发生在山东渤海莱州湾沿岸，其潮水水位最高达 3.55 米，居全球第一位。黄海沿岸则相对较少。这主要与地理环境、风势朝向相关（山东省水利厅水旱灾害编委会，1996）。

表2-10　1949年以来山东沿海风暴潮灾害发生区域统计表

时间	地　点
1952.10.21	掖县　昌邑　潍北　寿光
1953.7	日照
1956.9.5	日照
1957.4.9	无棣　广饶
1962	掖县
1964.4.5~6	无棣　沾化　利津　垦利　广饶　寿光　潍县　昌邑　平度　掖县
1969.4.23	广饶　寿光　潍县　昌邑　无棣　沾化
1972.7.26	掖县
1980.4.5	广饶　寿光
1981.9.1	日照　青岛　威海　烟台
1982.11.9	利津
1985.8.18	日照　青岛　威海　烟台
1987.11.25	寿光　寒亭　昌邑
1990.5.1	荣成
1992.9.1	日照　青岛　威海　烟台　潍坊　东营　滨州

资料来源：山东省水利厅水旱灾害编委会，《山东水旱灾害》，黄河水利出版社，1996年。

2. 龙卷风　龙卷风是一种强烈的、小范围的空气涡旋，是在极不稳定天气下由空气强烈对流运动而产生的，由雷暴云底伸展至地面的漏斗状云（龙卷）产生的强烈的旋风，其风力可达12级以上，最大可达100米每秒以上，一般伴有雷雨，有时也伴有冰雹。

据薛德强、杨成芳（2003）统计，1950—2000年，山东共有51年、351次出现龙卷风灾害。从地域分布看，山东大部分地区都出现过龙卷风灾害，山东半岛、鲁中、鲁南出现次数较多，鲁西北较少。从季节分布看，夏季发生数占全年的74.3%，春秋两季次之，其中春季、秋季发生次数分别占全年的10.0%，4%[①]。各月间以7月发生次数最多，达109次，11月至翌年1月从未发生。具体时间，主要发生于午后至傍晚，13—17时共发生32次，占59%，其他时间发生22次，占41%。从年际变化看，1950—1972年发生次数较多，每年约在8次以上；1973—2000年发生次数较少，每年约在3次左右，最多1990年出现8次。从龙卷风持续的时间看，一般在30分钟以下为15次，占83%；30分钟以上的只有3次（王建国，2005）。

3. 干热风灾害　干热风灾害是影响山东省小麦稳定高产的主要气象灾害之一，它是北方春末夏初由于高温、低湿并伴有一定风速的气象条件对农作物造成的损害。是大气干旱的一种。又称旱风、干旱风。民间俗称"旱风"、"火风"或西南风。山东小麦生长后期80%～90%会出现干热风灾害。

干热风灾害的主要类型主要有高温低湿型、雨后青枯型、旱风型等三种形式。其中，山东省以前两者为主。高温低湿型表现为大气高温干旱，地面一般刮西南风或偏南风，造成小麦枯熟、瘪粒。主要指标一般为：日最高气温大于或等于32℃，14时相对湿度小于或等于30%，14时风速大于或等于2米/秒为轻干热风日；日最高气温大于或等于35℃，14时相对湿度小于或等于25%，14时风速大于或等于3米/秒为重干热风日。这种类型是山东干热风普遍的灾种；雨后青枯型表现为小雨后猛晴，高温低湿，使灌浆中后期的小麦青枯，主要指标是小麦成熟前10天内有1次小雨过程，雨量小于或等于10毫米，雨后猛晴，3天内有1天以上日最高气温大于或等于30℃，相对湿度较低，有1天风速大于或等于3级。这一类型多发于山东南

---

① 王建国（2005）统计，夏春秋三季分别占81%、10.7%、8%。

部和中南部。

从时间上看，干热风灾害在新中国成立后多有发生，特别是1953年、1955年、1956年、1958年、1960—1962年、1964年、1965年是灾情严重的年份。从季节看，夏天是干热风的多发期，特别是5月上旬到6月中旬几率较高。年平均干热风日数，鲁西北地区和淄博、济南2市以及昌潍、泰安2地区西部在4天以上，德州最多为7.4天；半岛地区大部和鲁东南地区在2天以下，其中黄海沿岸不足1天；其他地区在2～4天之间（《山东省志·气象志》）。

从区域看，鲁中、鲁南最重，泰安、临沂、潍坊、枣庄年均0.3～0.4次，大约10年3～4遇；其他地区为10年1～2遇（高秉伦、魏光兴，1994）。山东省农业科学院科技情报研究所、山东省计委农村处（1993）指出，山东干热风灾害的地理分布从鲁西、鲁西北向鲁中、鲁东南地区逐渐减少，危害程度逐渐减轻。重干热风区包括滨州、聊城两地区西北部和德州地区大部；次重干热风区包括菏泽地区、聊城和滨州地区大部，德州地区东南部，潍坊市西北部，济宁市东北部，泰安市西南部等；轻干热风区包括鲁中山区，烟台市西部，济宁、临沂市大部，潍坊市东南部和枣庄等地（市）。

4. 冰雹灾害　冰雹灾害是由强对流天气系统引起的一种剧烈的气象灾害，它出现的范围虽然较小，时间也比较短促，但来势猛、强度大，并常常伴随着狂风、强降水、急剧降温等阵发性灾害性天气过程，比如1978年6月底7月初，山东省64个县市遭大风加冰雹的袭击，一般风力9～10级，最大12级，农作物受灾58.7万公顷。1983年全省有53个县（区）的287处公社、7 000多个生产队遭受风雹灾。故而1965年之后，有关部门开始将雹灾与风灾合并统计。

风雹灾害在山东发生的历史悠久，公元前841年就有雹灾袭击胶东半岛的记载。据1847—1921年有关地方志资料记载，严重雹灾的记载有 1847 年（定陶）、1848 年（安丘）、1849 年（峄县）、1852 年（费县）、1910 年（夏津、莱芜）、1915 年（冠县）、1921 年（曲阜）。新中国成立后，除了缺失资料的 1967—1969 年外，仅有 1949 年无此记录。根据 1952—1980 年雹灾资料进行的分析显示，山东共出现降雹天 851 天，约占总日数的 7.5%；平均雹日为 27.4 天，其中 1965 年最多，为 46 天；1952 年最少，为 8 天。各地年降雹最多日数在 1～5 天之间。从季节看，除 1 月外，其他各月均可出现降雹天气，主要集中在 4～10 月，其中 5～7 月降雹日数占总降雹日数的 61%，6 月降雹最多占 30.2%。从具体时间段上，降雹天气集中出现在 13～19 时，占总次数的 67.7%，其中 15～17 时出现最多，占总次数的 26.9%（《山东省志·气象志》、王建国、孙典卿，2006）。

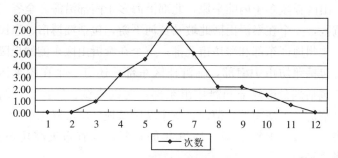

图 2-10　山东各月份冰雹发生次数图
资料来源：《山东省志·气象志》。

从新中国成立以来的成灾年份图中可见，20 世纪 70 年代中后期、80 年代中期至 90 年代是雹灾的多发期。赵传集（1992）将 1949—1987 年雹灾的年份分为三个阶段：1949—1969 年、1970—1979 年、1980—1987 年，认为自 20 世纪 70 年代以来，冰雹灾害明显增加，呈上升趋势。这种趋势应当引起足够重视。

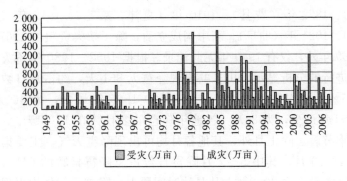

图 2-11　山东省风雹灾受灾成灾面积图
资料来源：历年《山东统计年鉴》。

　　风雹灾害的地理分布，各地区呈现明显差异。其特点大致是：山区丘陵多于内陆平原，北部沿海多于南部沿海。全省三个多雹区，一个在泰沂山区北坡及黄河下游，包括淄博市、惠民地区、德州地区东部和潍坊市北部；一个在泰沂山区东侧的丘陵地区，包括潍坊市中南部，临沂地区东部；还有一个在胶莱河走廊，包括烟台市西部和潍坊市东部，尤以诸城、安丘、临朐为甚。临沂、枣庄南部、菏泽、济宁及聊城地区南部降雹最少。赵传集（1992）根据 1957—1979 年的资料，全省雹灾潍坊最重，菏泽最轻。

三、农业生物灾害的动态变化

（一）生物灾害

　　1. 概述　山东是农业大省，农作物种植品种多样，也是农业有害生物的多发地区。新中国建立前，山东省见诸史书记载的主要病虫害有蝗虫、蟓虫、黏虫、地下虫、豆虫、麦疸等十几种。新中国建立后，山东农业大学植保系、山东省植物保护总站等单位，对病虫发生种类、分布及危害进行了

多次调查，到 1990 年，共发现农作物病、虫、草鼠害共约
1 534 余种，其中害虫约 763 种，病害近 771 种，有害杂草
211 余种，有害鸟类 20 余种，鼠害 11 种（高秉伦、魏光兴，
1994；《山东省志·农业志》）。每年对农作物造成危害的主
要病虫害多达 60 余种，农作物病虫害发生面积 7 亿多亩，年
均主要病虫害发生面积为 2.7 亿亩次左右，严重威胁着农业
生产。

　　山东省 1950 年起建立农作物病虫发生情况统计，1956 年建
立病虫测报制度。从历年的记载来看，无论是病虫害的种类，还
是危害程度都呈逐年趋势（表 2 - 11）。

表 2 - 11　山东省农作物病虫灾害基本情况

起止年份	划分时期	病虫种类	合计	各时期病虫害平均发生面积（万亩/年）		
				粮食	棉花	油料
1950—1952	恢复时期	32	5 240.5	4 424.5	816	0
1953—1957	"一五"时期	34	17 831.48	15 174.08	1 463.4	0
1958—1962	"二五"时期	35	18 679.5	16 834	1 690.64	0
1963—1965	调整时期	35	22 441.3	22 114.03	2 327.27	0
1966—1970	"三五"时期	35	9 866.84	8 071.36	1 200.44	0
1971—1975	"四五"时期	64	23 105.95	20 525.27	2 348	483.75
1976—1980	"五五"时期	97	25 164.49	22 203.7	2 739.28	877.53
1981—1985	"六五"时期	98	29 605.22	21 121.43	6 931.28	1 552.51
1986—1990	"七五"时期	98	32 306.76	21 603.45	8 313.08	2 390.23

资料来源：高秉伦、魏光兴，《山东省主要自然灾害及减灾对策》，地震出版社，1994 年。

　　根据上表分析三种作物不同时期平均遭灾面积的基本趋势，
如图 2 - 12。

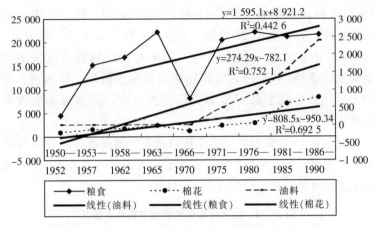

图 2-12　山东省农作物病虫害发生趋势图（1950—1990）

图 2-12 可见，病虫害与粮食、棉花、油料作物的受灾面积之间呈正相关性。R 方值分别是：0.442 6、0.752 1、0.692 5。说明新中国成立后随着年份的增长，各种作物受灾面积逐年增长。根据表 2-10 计算的病虫害种类与作物受灾面积的相关系数为 0.81，两者呈现较强的正相关。这种趋势值得关注。

从病虫害发作的数量看，呈逐年上升趋势，R 方值为 0.814 2（下图）。这一现象的原因，魏光兴、孙昭民（2000）认为是，20 世纪 70 年代后期开始，随着气候变暖以及各种耕作制度的改变与农田灌溉的发展，以及部分国外作物引进导致的外来作物入侵，为病虫害的繁殖增多提供了很好的条件。

据统计，1949—1994 年山东各种农作物病虫害达到 67 种，比民国时期多 39 种（魏光兴、孙昭民，2000）。据高秉伦等（1994）整理的 1950—1990 年 41 年间 44 种粮油作物的主要病虫害的统计表，有些病虫害在 41 年间均有发生，比如小麦条锈病、小麦叶锈病、小麦散黑穗病、麦蚜、麦蜘蛛、麦叶蜂、一代黏虫、玉米叶斑病、玉米螟、地瓜黑斑病、大豆造桥虫、高粱条

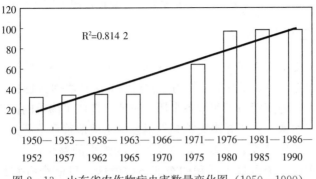

图 2-13　山东省农作物病虫害数量变化图（1950—1990）

螟、高粱蚜、三代黏虫、地下害虫、飞蝗、棉蚜等，占总数的 38.6%。如何根除这些发作频繁、屡根不治的病虫害是一项重要的任务。而最少发生频率是花生棉铃虫，计有 9 年次。

　　从病虫害的种类看，不同年代占主导地位的类型不同。据《山东省志·农业志》中相关资料的综合，20 世纪 50 年代，小麦腥黑穗病、杆黑粉病、小麦线虫病、玉米螟、三代黏虫、大豆红蜘蛛、甘薯黑斑病、棉蚜、棉红蜘蛛、棉红铃虫、东亚飞蝗、土蝗、蝼蛄、蛴螬、金针虫是主要的灾种；60 年代前期，蝗虫、黏虫、造桥虫、地老虎、小麦条锈、秆锈病、棉花枯萎病、黄萎病、高粱穗虫等成为主导地位的灾种，而 50 年代流行的一些病虫害，如小麦黑穗病、线虫病、棉红铃虫、豆青臭蝽象、平腹蝽象、谷子白发病等成为次要病虫害；70 年代，麦蚜、小麦白粉病、小麦叶锈病、小麦全蚀病、玉米蚜、花生叶斑病、花生蚜等由偶发成为常发性病虫害，玉米蚜、高粱蚜、玉米大小叶斑病、玉米花叶条纹病严重发生，小麦黄矮病、小麦土传花叶病、小麦霜霉病、玉米茎基腐病（青枯病）、甘薯根腐病（烂根病）、花生倒秧病、花生病毒病等新病种出现；80 年代之后，喜湿性病虫迅猛上升，首次发现了小麦吸浆虫，70 年代一度重发生的小麦黄矮病、丛矮病、土传花叶病、霜霉病、玉米茎基腐病、甘薯根腐病、花生病毒病、高粱蚜、粟灰螟等发生危害大大减轻，成为次要病虫害。

（二）山东蝗灾

历史上蝗灾与水灾、旱灾并称为三大自然灾害。我国现有飞蝗孳生地 2 000 多万亩。作为一种对农业能产生毁灭性打击的生物灾害，蝗灾肆虐于我国各个历史时期，造成了惨重的损失。对于山东而言，由于旱涝灾害频发引发的土地撂荒现象严重，加之鲁北沿海地区荒地众多，杂草丛生，为蝗虫的滋生创造了条件，使山东成为全国最大面积的东亚飞蝗蝗区，目前全省宜蝗面积 900 多万亩。东亚飞蝗与众多种类的"土蝗"成为威胁山东农业生产的最主要生物灾害形式之一。

山东蝗灾历史悠久，早在《春秋》一书中即有公元前 707 年蝗虫发生的记载，史云："鲁桓公五年，秋，鲁有螽。"至 1949 年新中国成立，山东有 452 年次，计 1 629 次[1]，年均 5.9 一次，且愈往后期，频率越高（孙源正等，1999）。但根据 1470—1949 年相关资料的研究，却并未呈现明显的趋势性，而是有周期性的波动（张学珍等，2007）。

表 2 - 12　山东历代蝗虫情况表

朝代	蝗灾年次	蝗灾次数
唐前	39	70
唐五代	37	110
宋	39	99
元	47	201
明	123	504
清	137	525
民国	30	120

资料来源：孙源正，原永兰：《山东蝗虫》，中国农业科学技术出版社，1999。

---

[1]　注：《山东省志·农业志》统计为 1 589 次。

新中国成立后，蝗灾仍旧不断发生。从下图可见，20 世纪50 年代初期是蝗虫灾害发生较多的时期，而到了 50 年代末 60年代初期开始，蝗灾进入一个大发展阶段，形成了新中国成立后的一个高峰，直至 70 年代才出现了回落。由此，山东蝗虫灾害的发生可以概括为如下几个阶段：1950—1957 年的严重发生时期；1958—1967 年的大发生时期；1968—1987 年为蝗情稳定时期；1988—1990 年，蝗情回升时期。这与《山东蝗虫》、《山东省志·农业志》的记述大略一致。

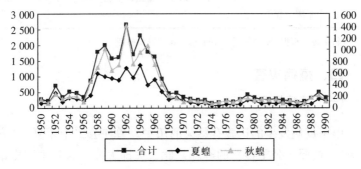

图 2-14　山东蝗灾受灾情况（1950—1990）（单位：万）

资料来源：《山东省志·农业志》。

对于东亚飞蝗蝗区类型的划分，生物学家有不同意见，马世骏等（1965）认为，应当划分为河泛蝗区、沿海蝗区、滨湖蝗区和内涝蝗区四类。山东作为东亚飞蝗的主要发生地，也形成了这样四类蝗区。1988—1990 年，全省对蝗区进行全面勘查。查清蝗区面积共 851 万亩，主要分布于 7 个市地、29 个县区、177 个乡镇（表 2-13）。

表 2-13　山东东亚飞蝗的分布区域

蝗区类型	分　布　区　域
沿海蝗区	沾化、无棣、垦利、利津、广饶、寿光、昌邑、胶县、胶南、日照、崂山

（续）

蝗区类型	分 布 区 域
滨湖蝗区	微山、嘉祥、汶上、鱼台、济宁、梁山、东平
河泛蝗区	菏泽、东明、鄄城、郓城、梁山
内涝蝗区	阳谷、茌平、东阿、冠县、莘县、临清、聊城、齐河、乐陵、平原、济阳、商河、庆云、临邑、武成、夏津、禹城、宁津、汶上、邹县、嘉祥、兖州、滕县、金乡、巨野、曹县、成武、定陶、单县、阳信、惠民、博兴、胶南、临沂、郯城、苍山、费县、枣庄、肥城、长清、平阴、章丘

资料来源：根据《山东省志·农业志》相关资料整理。

四、疫病灾害

（一）疫病概况

山东疫病发生的记载有悠久的历史。鲁庄公二十年夏，"齐大灾"。按照《公羊传》的解释，此大灾即大疫。这是中国史籍中关于疫病的最早记载。此后，关于疾疫的记载不断增多。新中国成立前由于天灾人祸的流行，各种瘟疫疾病经常发生，给广大人民造成很大的痛苦。据统计，清代山东境内传染病流行频繁，仅正史中记载的大疫情就有 35 次。每次发病人数以万计，死亡率高达疫区人口的 5％。1916 年 3 月，北京国民政府内政部颁布《传染病预防条例》，列入条例管理的法定传染病有霍乱、痢疾、伤寒与副伤寒、天花、斑疹伤寒、猩红热、白喉、鼠疫等 8 种。

新中国成立初期，面临的形势依旧严峻。1949 年仅麻疹、天花、回归热、猩红热、痢疾、疟疾、白喉、黑热病的发病人数即达 97 万多人，死亡 2.9 万人。党和政府积极应对，采取有效的手段预防治疗各种疫病，逐渐将疫病消除。但在初期仍不时出现，且后果严重。如 1953 年华东地区发生了严重的疫情，山东、河南遭受的最为严重。这年的 2～4 月，鲁、豫大规模爆发流行性感冒以及天花、麻疹、脑膜炎等，山东省疫情最重的德州专区死亡 2 600 人以上。

山东省新中国成立后的流行性疫病种类，根据 1956 年 4 月，山东省人民委员会批准执行的省卫生厅制定的《山东省传染病管理办法细则》。山东省法定管理的传染病分甲乙两类共 18 种，甲类包括鼠疫、霍乱、天花，乙类包括流行性乙型脑炎（乙脑）、白喉、斑疹伤寒、回归热、痢疾（细菌性痢疾与阿米巴痢疾）、伤寒与副伤寒、猩红热、流行性脑脊髓膜炎（流脑）、麻疹、脊髓前角灰白质炎（后称脊髓灰质炎）、百日咳、炭疽、波状热（后称布鲁氏菌病）、森林脑炎、狂犬病。11 月，山东省将法定管理的传染病增至 22 种，钩虫病、丝虫病、黑热病、疟疾列入乙类传染病管理（《山东省志·卫生志》）。

山东疫病从时间上看，五六十年代是多发时期，但从 50 年代末开始，爱国卫生运动的广泛开展，通过接种牛痘和注射预防疫苗，严密控制疫情。在中国历史上肆虐一时的鼠疫虽一度在山东发生过。据《山东省志·卫生志》记载，1359 年，山东莒州（今莒县）、沂水、日照等地发生鼠疫流行，为山东最早记载的鼠疫流行，此后的 1911 年、1917—1918 年、1920—1921 年、1936 年都发作过，但新中国成立后未曾发生过；至 70 年代，天花、鼠疫、性病、黑热病等已基本上被消灭，白喉、百日咳、麻风病也得到控制。经过 20 多年的艰苦努力，于 1983 年，国家宣布山东为第一个基本消灭血丝虫病的省。

（二）动物疫病

据记载，新中国成立初期，全省发生主要畜禽传染病和寄生虫病：大家畜有炭疽、气肿疽、口蹄疫、马鼻疽、牛疥癣、牛肝片吸虫病、牛焦虫病等；猪有猪瘟、丹毒、囊虫病等；羊有炭疽、山羊传染性胸膜肺炎、肝片形吸虫病、疥癣等；鸡有新城疫、禽霍乱等。随着畜牧业的发展和畜禽及其产品调进调出日渐频繁，畜禽传染病逐渐增多且广泛流行，一些老传染病如牛肺疫、气肿疽、炭疽、猪瘟、猪丹毒、山羊传染性胸膜肺炎、布氏杆菌病、鸡新城疫等病被控制住了，一些新的传染病如猪传染性胃肠炎、牛流行热、猪萎缩性鼻炎、猪喘病、兔瘟等又传了进来，并在省内传播流行。随着畜牧业结构的改变，由新中国成立初期以大牲畜疫病多发，逐渐转变为猪、鸡病多发，口蹄疫、布氏杆菌病、狂犬病、牛流行热、猪瘟、马传染性贫血、鸡新城疫、禽霍乱、兔瘟、猪痢疾、猪传染性胃肠炎等疫病都有严重发生和流行，给畜牧业生产造成了危害（《山东省志·农业志》）。据历史档案统计，全省自1949年到1990年先后共发生过各种畜禽疫病390种，其中传染病133种，寄生虫病236种，中毒和代谢病21种，以传染病危害较为严重。

五、地质灾害

山东位于我国传统地震带的华北地震带上，这一地带"主要在太行山两侧、汾渭河谷、阴山—燕山一带、山东中部和渤海湾"，故而历史时期这里就是一个地震灾害多发的地区。自公元前1831年（夏帝发七年）起至1949年，共有记录山东内陆地震的资料500多条（《山东省志·地震志》）。其中有57次5级以上地震和3次7级以上地震。特别是1668年郯城8.5级地震即使在全国范围看也是影响最严重的一次灾害。根据山东省地震局的统计，20世纪山东共发生5级以上大地震10次，其中，7级以上2次。

新中国成立以来，地震也多有发生。据高秉伦等（1994）的统计，1949—1992年，山东内陆及沿海发生4级以上地震9次，4.5级以上地震5次。又据《山东省志·地震志》相关资料，从1961—1990年内陆共发生地震123次，年均4次。截止1987年的波动图如下。

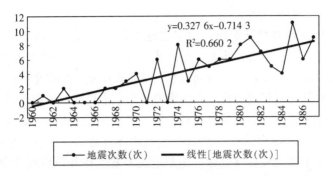

$y=0.327\ 6x-0.714\ 3$

$R^2=0.660\ 2$

—●— 地震次数（次）　——— 线性［地震次数（次）］

图 2-15　山东省地震灾害波动图（1960—1990）

资料来源：《山东省志·地震志》。

从这 20 年内陆地震的发生趋势看，呈明显的增多趋势，R 方值达到 0.660 2。1987 年之后，地震发生呈现新的特征。根据历年《山东统计年鉴》相关数据统计，从 1986 年至 2007 年，山东省内陆及沿海三级以上地震统计共发生 591 次，年均达到 26.9 次。

六、山东省农业灾害发生的特征与原因

（一）特征

综合分析山东省农业灾害的发生情况，大体呈现出如下几个特征：

1. 气象灾害是主要的灾害类型　气象灾害是山东省农业的主要致灾灾种，是对山东农业发展形成阻滞力量的主要灾害因素，其中，旱、涝灾害是山东省最主要的频发性灾害，尤以干旱最为严重，"春旱、夏涝、晚秋又旱"是其一般规律，对农业经济影响很大。由于气象灾害具有的不确定性，如何防御是一项重要的任务。

2. 各类灾害交替发生　在大多数年份中，气象灾害、生物灾害等农业灾害交替发生，特别是旱涝灾害之后常有蝗虫、疫病等灾害的出现，必须引起重视。

3. 灾害具有明显的季节性　各个季节均有灾害的发生，但

是夏秋季节是各种灾害发生较多的时期，但冬季的雪灾、春荒等造成的影响也很大。

4. 区域性特征明显　山东省地处我国东部、黄河下游，河流众多，濒临沿海，水系发达。由于受黄河泛滥、侵淤等影响，多发洪涝、风灾，大部分河流水灾频繁而严重。旱灾全省普遍发生，就其轻重程度而言，东南沿海及山东半岛地区旱灾较轻，而鲁西北、鲁西南地区旱灾相对较重；全省地震灾害活动范围十分广泛，17个地市中有13个市发生过破坏性地震，全省一半以上地区属于地震烈度Ⅷ度区，山东地震多发生在郯庐地震活动带、聊考地震活动带以及渤海至威海的地震多发地区；岩溶塌陷灾害主要发生在岩溶地貌较为发育的鲁中和鲁中南地区；山东东临渤海和黄海，冷暖空气在这两海区频繁交汇，加之渤海是个超浅海，因而这一地区的风暴潮灾害非常频繁。

5. 极端灾害事件、外来生物入侵的发生频率呈现增加趋势　特别是近些年来，山东省沿海区域的台风灾害、雪灾逐年增多；随着国际贸易交流的频繁，一些外来物种随之进入，外来作物入侵成为威胁农业生产的一个新的、突出的灾害特征。

（二）山东省灾害成因分析

一般而言，农业灾害的发生是多方面因素综合的结果。它的发生不仅仅是地理环境、气候、水资源等自然因素的产物，还受社会政治、经济等多种人为因素的左右，甚至受到全球化因素的影响。山东省农业灾害的发生就是这些因素共同左右的产物。

1. 地理环境因素　地理环境因素是一个较为复杂的概念，在经济学中，它有时被称为地理禀赋，是经济学设定的主要约束条件，对其定义目前学术界主要有三种观点[①]：

―――――――――

①　主要参考《中国农业经济史纲要》（冯开文、李军主编，中国农业大学出版社2008年，第24页）相关概念的论述。

历史学家宁可（1999）认为，地理环境，或者说，社会发展的自然环境、自然条件、自然基础，是社会物质生活和社会发展的经常的必要条件之一。它包括在历史上形成的与人类社会生活相互起作用或可能相互起作用的自然条件，如地理位置、地形、气候、土壤、水文、矿藏、植物、动物等。地理环境是上述诸方面及其交互作用下形成的复杂系统。不仅如此，不能只从自然物质及其运动规律来看待地理环境，还应当从人与自然的交互作用来看待。这样，地理环境不仅和各个地区、各个国家的人类活动构成了一个复杂的大系统，而且在今天，整个人类社会和整个地球已经形成了一个十分复杂的更大系统。

齐涛（2000）认为，地理环境不是指一般的地貌，而是指人类社会生存于其中的自然环境，包括气候、土壤、地形地貌、植被、水文以及自然灾害等。

而经济学家文贯中（2006）则将地理环境称为"地理禀赋"，认为地理禀赋条件指的是适当的地理位置，地表和地下的自然资源，以及有地理位置而来的气候条件。

综合三位学者的观点，地理环境是地理位置、气候变化、地形、水文、土壤等多种因素的综合。各种灾害的发生就是这些因素共同作用的结果。

（1）地理位置。山东省位于我国东部沿海，黄河下游，地处北纬 $34°22'52''$ 至 $38°15'02''$（岛屿达 $38°23'N$），东经 $114°19'53''$ 至 $122°43'$ 之间，是中华文明的起源地之一，地理环境比较特殊。境内既有丰富的内陆土壤、沿河滩涂，又有连绵的海岸线。复杂的因素使其成为一个多灾的地区之一。

据相关资料统计，山东陆地南北最长约 420 公里，东西最宽700 余公里，面积 15.7 万平方公里。境域东临海洋，胶东半岛大都是起伏和缓的波状丘陵区，占陆地总面积的 13.2%；西接大陆，西部、北部是黄河冲积而成的鲁西北平原区，是华北大平原的一部分，占陆地总面积的 55%；中部突起，为鲁中南山地丘陵区，山地约占陆地总面积的 15.5%。

山东省河流资料丰富，黄河、海河、淮河流域都流经该省。全省平均河网密度为 0.24 公里/平方公里，长度在 5 公里以上的河流有 5 000 多条，其中，长度在 50 公里以上的 1 000 多条，较重要的有黄河、徒骇河、马颊河、沂河、沭河、大汶河、小清河、胶莱河、潍河、大沽河、五龙河、大沽夹河、泗河、万福河、朱赵新河等。境内湖泊主要分布在鲁中南山丘区与鲁西平原的接触带上，总面积 1 496.6 平方公里，蓄水量 23.53 亿立方米。较大的湖泊有南四湖（由南而北依次为微山湖、昭阳湖、独山湖、南阳湖）和东平湖。山东的海岸线全长 3 024.4 公里，大陆海岸线占全国海岸线的 1/6，仅次于广东省，居全国第二位。沿海岸线有天然港湾 20 余处；有近陆岛屿 296 个，其中庙岛群岛由 18 个岛屿组成，面积 52.5 平方公里，为山东沿海最大的岛屿群；沿海滩涂面积约 3 000 平方公里，15 米等深线以内水域面积 1.3 万余平方公里，近海海域 17 万多平方公里。

复杂的地理位置使山东既有水旱等常见灾害，也有众多的海洋灾害类型，导致各地的灾害呈现不同的特征。

（2）气候条件。山东省地处暖温带，气候属暖温带季风气候类型。全省属大陆性季风气候，东南部稍具海洋性特点。主要农业气候条件的地域差异，分为 3 个一级区、13 个二级区。自东南向西北，依次为湿润、半湿润、半干旱气候区。降水集中、雨热同季，春秋短暂、冬夏较长。各地无论是气温、蒸发量、无霜期、降雨量等都存在较大差异[①]。由此造成各地灾情不同。

气温差异：从气温上看，山东省各地年平均气温为 11.0～14.2℃，由西南向东北递减。冬季寒冷，夏季炎热，春季回暖迅速，秋季降温快。全省十七地（市）气温差别如表 2-14。

---

① 关于山东省气候条件的分析，主要参考《山东省志·农业志》、《山东省志·环境保护志》、《山东省志·气象志》、王建国（2005）等资料。

表 2-14　山东省各地平均最高最低气温时间表

	平均最高气温℃					平均最低气温℃				
	1月	4月	7月	10月	全年	1月	4月	7月	10月	全年
济南	3.8	21.7	31.9	21.1	19.5	-3.9	11.3	23.6	11.8	10.5
滨州	2.7	20.5	31.4	20.4	18.6	-6.9	8.2	22.5	9.0	8.0
东营	2.5	20.1	31.3	20.4	18.4	-6.2	8.6	23.1	10.6	8.9
德州	3.0	21.1	31.6	20.6	19.0	-6.2	9.3	22.8	9.8	8.8
聊城	3.6	20.8	31.3	20.7	19.1	-6.2	9.0	22.6	9.4	8.5
济宁	4.6	20.9	31.6	21.2	19.5	-5.0	9.4	23.1	10.0	9.2
菏泽	4.5	21.2	31.6	21.2	19.5	-4.7	9.6	23.1	10.0	9.4
枣庄	5.0	20.7	31.1	21.3	19.5	-4.3	9.0	23.0	10.7	9.5
临沂	4.3	20.1	30.5	20.8	18.9	-4.4	8.6	22.8	10.8	9.2
泰安	4.0	20.3	31.0	20.6	18.9	-6.8	7.8	22.1	8.7	7.7
莱芜	3.4	20.3	30.9	20.3	18.7	-6.7	8.2	22.1	8.9	7.9
淄博	3.8	21.1	32.0	21.2	19.4	-6.6	8.6	22.6	9.5	8.3
潍坊	3.1	20.2	31.2	20.7	18.7	-7.3	6.9	22.0	8.9	7.4
日照	3.8	15.7	27.8	20.3	16.8	-3.6	8.2	22.8	12.0	9.7
青岛	2.9	15.0	27.1	19.8	16.2	-3.2	7.9	22.2	13.1	9.9
烟台	2.1	17.2	28.6	19.3	16.6	-3.3	8.4	22.2	12.7	9.9
威海	2.0	16.1	27.9	19.1	16.1	-3.3	7.5	21.4	12.5	9.4

资料来源：王建国，《山东气候》，气象出版社，2005年。

据表 2-14，全省全年平均最高气温为 18.43℃，各地变异系数为 0.065。平均最低气温为 8.95℃，各地变异系数为 0.098，反映山东平均气温虽然变动异常，但均值的离散度较低。

蒸发量差异：各地年平均蒸发量 1 434.1～2 430.4 毫米，自东南到西北呈渐增趋势。半岛东南部和东部及鲁南为 1 500～1 800 毫米，西北部黄河以北 2 100～2 400 毫米。

无霜期差异：全年无霜期也由东北沿海向西南递增，鲁北和胶东一般为 180 天，鲁西南地区可达 220 天。各地大于 10℃ 的积温，一般在 3 800～4 600℃，可以满足农作物一年二作的热量要求。全省光照时数年均 2 290～2 890 小时，日照百分率为 52%～65%，较南邻的江苏省和安徽省高出三四百个小时。

降水量差异：山东年平均降水量一般在 550～950 毫米之间，历年平均降水量 543.1～915.7 毫米。无论是降雨量年际变化、季节变化或者是区域比较都存在差异性。

从区域看，由东南向西北递减。鲁南鲁东一般在 800～900 毫米以上；鲁西北和黄河三角洲则在 600 毫米以下。但从各地出现最高、最低降水量所计算的变异系数看，各地的离散度并不高，数值分别约为 0.16、0.08。

从时间看，降水季节分布很不均衡，全省年平均降水日数在 70～90 天。夏季降水量最多，达 336.8～589.2 毫米，占年降水量的 57%～71%；秋季降水量 83.4～200.7 毫米，占全年降水量的 14%～23%；冬季降水稀少，仅 13.7～44.5 毫米，占年降水量的 3%～5%；春季也仅有 63.6～143.6 毫米，占年降水量的 10%～16%。降水量的不均匀往往出现旱涝异常的局面：冬季雨雪稀少、寒冷而干燥；春季地面增温快，蒸发大，降水少，常干旱；夏季降水集中，时有暴雨冰雹天气出现；秋季云雨较少，但有些年份也出现秋雨连绵天气。从年际变化看，各个年份的差异也较大，比如，1964 年全省降水量达到 1 134 毫米，2002 年只有 386.4 毫米，相差 700 多毫米。

从农耕期、作物生长活跃期降水时空分布看，农耕期（日平均气温≥0℃）的累积降水分布，全省一般为 570～900 毫米，占全年降水量的 95% 以上。枣庄、苍山、临沂、莒南、日照一带降水较多，在 850 毫米以上；鲁中山区南部、鲁东沿海、胶东半岛南部及半岛东端，降水在 700 毫米以上；胶东半岛北部、鲁中山区北部、西南的大部地区，降水量在 600～700 毫米；鲁北、鲁西平原降水较少，一般在 600 毫米以下。作物生长活跃期（日平均气温≥10℃）的累积降水，全省一般在 520～820 毫米，占全年降水量的 90％左右。鲁北、鲁西北及半岛北端降水最少，在 550 毫米以下；鲁中山区南侧、鲁南、鲁东南沿海、胶东半岛的东南部降水较多，一般 700 毫米以上，其余地区在 600～700毫米之间。农耕期和作物生长活跃期之间的降水，集中了降水的90％以上，尤其是鲁南、鲁东南沿海及半岛南部沿海降水较多，为农业生产提供了较好的水分资源；鲁北、鲁西及半岛北部区域降水较少，对农业生产发展有一定的影响。

表 2-15　山东省各地年降水量表

	年最多降水量		年最少降水量	
	降水量（mm）	出现时间（年）	降水量（mm）	出现时间（年）
济南	909.8	1987	347.0	1986
滨州	968.4	1990	319.5	1989
东营	911.1	1974	337.2	1981
德州	844.6	1990	335.0	1972
聊城	866.3	1971	324.4	1972
济宁	996.6	1990	347.9	1988
菏泽	987.6	1971	353.2	1986
枣庄	1 127.0	1971	508.2	1988
临沂	1 227.7	1974	529.5	1988
泰安	1 295.8	1990	340.5	1989
莱芜	1 232.9	1990	340.5	1989
淄博	856.8	1990	250.4	1989
潍坊	923.2	1990	295.0	1977
日照	1 294.7	1974	510.3	1997
青岛	1 253.4	1975	308.3	1981
烟台	988.5	1998	341.1	1999
威海	1 114.8	1985	316.5	1999

资料来源：王建国，《山东气候》，气象出版社，2005 年。

2. 社会因素 中国传统社会灾害的形成往往不仅仅是天灾的结果，而往往与人祸交替而行。生产力的低下、统治者的剥削、战乱动荡都会加剧各种灾害的影响。新中国成立后，人祸的作用大大降低，但在经济发展过程中违背规律的行为仍会加大灾害的破坏力。在经济发展过程中存在的其他一些问题，如大量开采地下水、不适当的开垦荒地、水资源的大量污染以及对旱涝灾害的规律缺乏了解等等都会加重灾害的影响。

特别是水利建设中，由于水利工程老化，河道治理落后，防洪体系不健全，旱涝灾害的恶果日日增大。新中国成立之前，山东省农业灌溉十分缓慢，1949 年全省仅有 379 万亩水浇地。新中国成立之后，山东省十分重视水利工程建设和水资源的开发利用工作。据计算，1949—1990 年抗旱灌溉总效益 587.44 亿元，按 1990 年价为 867.10 亿元。抗旱灌溉累计工程投资 78.39 亿元，群众投劳折款为 137.57 亿元，运行费 81.88 亿元，三项合计 297.84 亿元。但是山东省的许多大中型水利工程却多数建于上世纪的五六十年代，无论是建设标准，还是机器设备，都已经超过了使用年限。据分析，截止 2000 年的 5 066 座水库中，病险水库 2 314 座，其中大中型 93 座，小型 2 229 座，病险库占总数的 45.8%（季新民、周玉香，2000）。从 1985 年开始，山东省的有效灌溉面积就开始逐渐下降，实际作用大大降低。以山东省滨州地区为例，许多骨干河道在 1990 年以前近 20 余年未得到疏浚，约 80% 的工程已经失去原来的能力，排涝能力减小50%。境内主要河流秦口河，自新中国成立到 1990 年没有进行根本治理，河流量由 60 年代的 300 个减少到 1990 年的 90 个。新中国成立以来秦口河流域形成涝灾面积 6.7 万公顷以上的灾年就达 10 个，并直接导致该区出现 1990 年特大洪涝灾害和 1992 年特大旱灾，2008 年底至 2009 年春季的连年大旱的出现就与储备水量不足有密切的关系（徐开斌，2009）。

新中国经济的发展充满波折，特别是新中国成立初，由于缺乏建设社会主义的经验，在很多问题上都走了弯路，造成了巨大的浪费。从1958年起，全省在水利建设方面开始兴建了一大批水利工程，但在"大跃进"的错误思想指导下，出现了一批毫无效益、浪费资金的工程，特别是大量的平原水库。其中仅位山水库就损失资金1亿元；而且出现一些水库不仅未获其益，反受其害的。如鲁西、鲁北各地在"让河流改道"的口号下，随便改变河流走向，打乱了区域水流体系，招致以后的连年水灾（吕景琳、申春生，1999）。平原蓄水工程又引起了大面积土地次生盐碱化，全省盐碱化耕地面积由1949年的50.47万公顷，迅速扩大到108.24万公顷，增加了一倍多。鲁北一些引黄干渠侧渗，影响到渠道两侧500～1 000米的耕地（国家环境保护总局，2006）。

新中国成立初对抗灾救灾工作的长期性与艰苦性也缺乏清醒的认识。在1958年出版的《建国以来灾情与救灾工作史料》一书的序言中曾断言："灾荒，现在看来已经不是什么大问题。再过几年、十几年，人们就会不知道什么是灾荒了。"这种不科学的态度是注定会付出代价的。稍后人民公社时期的三年灾害给中国人民造成的重大苦难就是血的教训。孟昭荣等（1989）指出，如果不是"左"的政策上失误，能够保持足够的粮食产量，人民公社在一定程度上本来是能够发挥它的防灾抗灾救灾作用而减少损失的。

不合理的经济开发措施也是诱发灾害发生的社会原因。民国年间山东地区美洲作物引进后大量开垦荒地，成为近代山东灾害频发的诱因之一。而新中国成立后，由于人口激增，人均耕地面积减少，2000年全省人均土地0.17公顷，人均耕地只有0.085公顷。耕地缺乏致使荒地大量开垦，水土流失严重。据临朐县对新开垦21～27度范围的坡耕汛后土壤侵蚀进行调查，垦坡地大多形成细沟，有的发展为间距1.5～1.7米冲沟。又如对森林的滥砍滥伐。山东省1958年前林地面积113万公顷，到1962年，仅存76.7公顷，减少了32.4%。沂水县在20世纪50年代砍伐森林1.2万公顷，占成林面积的34%。"文革"期间又毁林开荒2.5万公顷，到1978年全县仅有林地1.9万公顷，比1966年减少了56%。文登市界石乡1965年前有山林面积0.3万公顷，"文革"期间，青山变成秃山，1978年一次降雨355毫米，冲毁900多座缓水坝，27座塘坝淤平报废，水冲沙压良田133万公顷。农村实行责任制初期，森林又遭到破坏，据临沂地区1981年的统计，全区毁林达到8.8公顷（国家环境保护总局，2006）。历史证明，森林的破坏会大大加速灾害的发作频率。早在20世纪80年代，万里（1992）就指出："大跃进乱砍滥伐，后来受到加倍惩罚，直到现在还没有惩罚完。"

七、农业灾害的实际影响

农业灾害是阻滞经济发展的最重要障碍之一，它会对农业经济，特别是粮食生产以及建筑物、人员性命与生命健康等等都造成损失。

（一）对农业经济的影响

1. 基本概况　农业灾害的直接后果是对农业经济，研究表明，灾害对山东粮食生产造成的损失巨大（廉丽珠，2005a，2005b；葛颜祥等，2005；王学真等，2006；陈成忠等，2007），是影响山东经济可持续发展的重要因素。（信忠保、谢志仁，2005）1949—2008年山东各主要灾种造成的农作物受灾、成灾和绝收面积总计情况如表2-16。

表 2 - 16 山东农作物受灾、成灾、绝收情况（1949—2008）

单位：万亩

年份	受灾（万亩）	成灾（万亩）	绝收（万亩）	年份	受灾（万亩）	成灾（万亩）	绝收（万亩）
1949	1 598	1 598	0	1979	6 135	3 489	332
1950	481	413	0	1980	5 521	2 803	0
1951	2 017	807	0	1981	6 466	3 359	0
1952	705	480	0	1982	5 154	2 694	434
1953	5 130	1 555	0	1983	4 841	2 207	510
1954	3 416	569	0	1984	3 829	1 918	413
1955	1 697	559	0	1985	6 128	2 524	786
1956	984	620	0	1986	6 077	2 669	443
1957	6 898	4 542	0	1987	4 948	2 593	381
1958	5 663	2 219	0	1988	7 060	2 618	447
1959	9 411	3 487	0	1989	7 061	2 840	427
1960	12 857	6 236	0	1990	4 274	2 145	444
1961	12 358	5 211	0	1991	3 622	1 812	255
1962	4 567	3 108	0	1992	7 512	3 997.5	899
1963	3 067	2 523	0	1993	5 614.5	2 899.5	955.5
1964	5 546	4 108	0	1994	5 403	2 016.99	384
1965	2 671	1 125	0	1995	3 496	1 111	245
1966	5 200	2 499	0	1996	5 819	2 196	560
1967	0	0	0	1997	7 119	4 076	871
1968	0	0	0	1998	2 311.5	765	208.5
1969	0	0	0	1999	4 506.9	1 845.15	411
1970	5 190	2 480	0	2000	5 550	3 405	583.5
1971	4 399	1 264	0	2001	5 394	3 421.5	646.5
1972	4 790	1 712	0	2002	7 412.85	4 769.1	1 378.5
1973	5 834	1 776	0	2003	3 948	1 875	477
1974	7 308	2 300	0	2004	2 907.795	1 156.5	279.45
1975	5 342	1 156	0	2005	2 669.7	1 068.9	232.5
1976	5 452	2 452	0	2006	2 820.165	1 657.95	225.3
1977	6 784	520	0	2007	2 798.1	954.4	149.9
1978	6 164	3 370	314	2008	1 608.45	0	149.985

资料来源：历年《中国统计年鉴》。

近 60 年山东省农业灾害造成的农作物的受损情况如图
2-16。

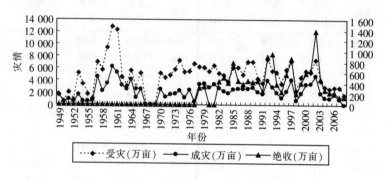

图 2-16　1949—2008 年山东农作物受损情况

各个时期的受灾率、成灾率如图 2-17 所示。

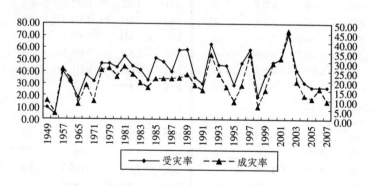

图 2-17　山东省受灾率、成灾率变化图

1949—2007 年年均受灾率达到 39.63%，年均成灾率达到
19.60%。由图 2-16 中可见，山东省农作物受损情况在
1957—1961 年形成一个波峰，之后处于一个大致稳定期，到
1999—2001 年由于旱灾的严重再次形成波峰。但总体看，由

于抗灾能力的加强，受灾情况有所下降。同时显示了50年代中期至70年代前期陆续实施的大量水利工程和农田基本建设所发挥的作用。

2. 旱涝灾害对农业的影响

（1）旱涝灾害与农作物相关度分析。旱涝灾害是山东农业主要的主要致灾灾种。以下简要分析两种灾害与山东省农作物灾损情况的相关度。

干旱灾害发生对农业生产的影响最为显著，造成的直接经济损失也最为严重。山东作为我国北方重要的农业生产大省，有效灌溉面积约为7 254万亩，约占40%的耕地依靠天然降水，据刘颖秋（2005）分析，山东省旱灾受灾情况在统计的27个省（自治区、直辖市）中受灾率列第6位，成灾率列第5位。故农业经济发展受旱灾威胁较为严重。

表2-17　1949年以来山东农作物因旱灾致灾情况

年份	受灾（万亩）	成灾（万亩）	绝收（万亩）	年份	受灾（万亩）	成灾（万亩）	绝收（万亩）
1949	0.00	0.00	0.00	1959	7 300.00	3 400.00	0.00
1950	0.00	0.00	0.00	1960	8 000.00	4 000.00	0.00
1951	0.00	0.00	0.00	1961	9 000.00	2 618.00	0.00
1952	584.00	480.00	0.00	1962	620.00	0.00	0.00
1953	500.00	0.00	0.00	1963	0.00	0.00	0.00
1954	1 400.00	0.00	0.00	1964	0.00	0.00	0.00
1955	1 000.00	212.00	0.00	1965	2 000.00	1 000.00	0.00
1956	0.00	0.00	0.00	1966	4 800.00	2 400.00	0.00
1957	4 000.00	2 000.00	0.00	1967	0.00	0.00	0.00
1958	5 100.00	2 000.00	0.00	1968	0.00	0.00	0.00

（续）

年份	受灾 （万亩）	成灾 （万亩）	绝收 （万亩）	年份	受灾 （万亩）	成灾 （万亩）	绝收 （万亩）
1969	0.00	0.00	0.00	1989	6 000.00	2 500.00	350.00
1970	4 000.00	1 800.00	0.00	1990	504.00	330.00	40.00
1971	2 400.00	200.00	0.00	1991	1 349.00	696.00	149.00
1972	4 100.00	1 500.00	0.00	1992	6 024.00	3 624.00	804.00
1973	5 000.00	1 150.00	0.00	1993	2 491.50	1 200.00	112.50
1974	4 200.00	400.00	0.00	1994	2 993.00	1 080.00	90.00
1975	4 000.00	600.00	0.00	1995	1 793.00	393.00	26.00
1976	4 300.00	2 000.00	0.00	1996	3 582.00	1 024.00	91.00
1977	4 721.00	360.00	0.00	1997	5 140.00	2 944.00	723.00
1978	3 165.00	1 650.00	314.00	1998	1 018.50	324.00	72.00
1979	5 000.00	3 000.00	332.00	1999	3 850.50	1 500.00	349.50
1980	2 273.00	1 125.00	0.00	2000	5 010.00	3 165.00	532.50
1981	6 157.00	3 225.00	0.00	2001	3 240.00	1 999.50	300.00
1982	4 563.00	2 338.00	403.00	2002	5 680.50	3 859.50	1 068.00
1983	4 200.00	1 937.00	450.00	2003	1 285.50	259.50	61.50
1984	3 000.00	1 500.00	400.00	2004	414.95	189.00	16.95
1985	3 280.00	1 031.00	300.00	2005	534.30	108.00	19.50
1986	5 400.00	2 220.00	352.00	2006	1 539.02	993.15	103.80
1987	3 741.00	1 984.00	289.00	2007	948.00	200.90	79.00
1988	6 200.00	2 180.00	400.00	2008	316.80	0.00	198.24

　　1949 年以来旱灾的年均受灾率为 25.26%。与总受灾率的相关关系，$R^2 = 0.737\ 4$（如图）。说明旱灾是影响山东农业发展的主要灾种。

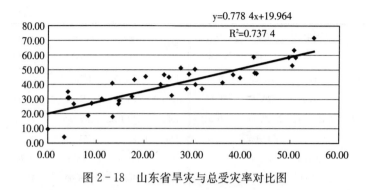

图 2-18 山东省旱灾与总受灾率对比图

农作物受灾总面积与因旱受灾面积的相关系数也呈强的正相关，$R^2 = 0.7668$（如图）。

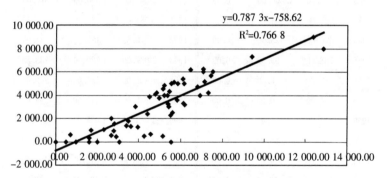

图 2-19 山东省农作物旱灾与总受灾面积对比图

对比而言，洪涝灾害造成的危害稍轻，如表 2-18。

表 2-18 1949 年以来山东农作物因洪涝灾害致灾情况

年份	受灾（万亩）	成灾（万亩）	绝收（万亩）	年份	受灾（万亩）	成灾（万亩）	绝收（万亩）
1949	1 598.00	1 598.00	0.00	1952	0.00	0.00	0.00
1950	429.00	413.00	0.00	1953	3 232.00	1 345.00	0.00
1951	1 941.00	1 057.00	0.00	1954	724.00	352.00	0.00

（续）

年份	受灾 （万亩）	成灾 （万亩）	绝收 （万亩）	年份	受灾 （万亩）	成灾 （万亩）	绝收 （万亩）
1955	630.00	347.00	0.00	1982	245.00	147.00	21.00
1956	602.00	620.00	0.00	1983	98.00	21.00	0.00
1957	2 700.00	2 542.00	0.00	1984	619.00	403.00	13.00
1958	548.00	219.00	0.00	1985	1 129.00	651.00	299.00
1959	120.00	87.00	0.00	1986	156.00	90.00	0.00
1960	2 337.00	921.00	0.00	1987	210.00	116.00	32.00
1961	2 672.00	2 140.00	0.00	1988	460.00	238.00	47.00
1962	3 666.00	2 956.00	0.00	1989	250.00	70.00	40.00
1963	3 000.00	2 500.00	0.00	1990	2 500.00	1 350.00	310.00
1964	5 029.00	4 108.00	0.00	1991	988.00	633.00	0.00
1965	470.00	125.00	0.00	1992	670.50	127.50	34.00
1966	338.00	99.00	0.00	1993	2 037.00	1 129.50	733.50
1967	0.00	0.00	0.00	1994	1 491.00	786.00	269.01
1968	0.00	0.00	0.00	1995	640.00	411.00	94.00
1969	0.00	0.00	0.00	1996	1 661.00	1 028.00	364.00
1970	1 190.00	680.00	0.00	1997	1 054.00	714.00	128.00
1971	1 577.00	814.00	0.00	1998	934.50	318.00	103.50
1972	340.00	62.00	0.00	1999	345.90	181.65	48.00
1973	608.00	500.00	0.00	2000	180.00	109.50	18.00
1974	2 800.00	1 900.00	0.00	2001	745.50	469.50	96.00
1975	827.00	450.00	0.00	2002	5.85	3.60	0.00
1976	859.00	452.00	0.00	2003	2 295.00	1 392.00	349.50
1977	959.00	160.00	0.00	2004	1 075.50	571.50	121.50
1978	828.00	488.00	0.00	2005	786.00	513.00	101.55
1979	465.00	212.00	0.00	2006	549.75	291.75	55.65
1980	388.00	186.00	0.00	2007	796.20	421.50	16.50
1981	214.00	94.00	0.00	2008	642.48	0.00	59.69

　　无论是从受灾率或者受灾面积的情况看，洪涝灾害与总受灾的相关系数都不高，分别是 $R^2=0.019$、$R^2=0.0596$。两者均显示，虽然境内有黄河这样的河流流经，但由于新中国成立后治河措施得力，洪涝灾害已经不是影响山东农业经济的主要灾种。

　　（2）山东省旱涝灾害致损情况。1949 年以来，除 1966—1968 年资料缺失外，山东省农作物受灾总面积为 283 536 万亩，年均受灾 4 725.60 万亩，成灾面积为 129 575.49 万亩，年均受灾 2 159.59 万亩。旱涝灾害在其中占据重要地位，如表 2 - 19。

表 2 - 19　1949 年以来山东农作物旱涝灾害损失情况

年份	旱灾受灾面积占农作物总受灾面积比例（%）	旱灾成灾面积占农作物总受灾面积比例（%）	洪涝灾害受灾占农作物总受灾面积比例（%）	洪涝灾害成灾占农作物总受灾面积比例（%）
1949	0.00	0.00	100.00	100.00
1950	0.00	0.00	89.19	100.00
1951	0.00	0.00	96.23	130.98
1952	82.84	100.00	0.00	0.00
1953	9.75	0.00	63.00	86.50
1954	40.98	0.00	21.19	61.86
1955	58.93	37.92	37.12	62.08
1956	0.00	0.00	61.18	100.00
1957	57.99	44.03	39.14	55.97
1958	90.06	90.13	9.68	9.87
1959	77.57	97.51	1.28	2.49
1960	62.22	64.14	18.18	14.77
1961	72.83	50.24	21.62	41.07
1962	13.58	0.00	80.27	95.11
1963	0.00	0.00	97.82	99.09
1964	0.00	0.00	90.68	100.00
1965	74.88	88.89	17.60	11.11

（续）

年份	旱灾受灾面积占农作物总受灾面积比例（％）	旱灾成灾面积占农作物总受灾面积比例（％）	洪涝灾害受灾占农作物总受灾面积比例（％）	洪涝灾害成灾占农作物总受灾面积比例（％）
1966	92.31	96.04	6.50	3.96
1967	—	—	—	—
1968	—	—	—	—
1969	—	—	—	—
1970	77.07	72.58	22.93	27.42
1971	54.56	15.82	35.85	64.40
1972	85.59	87.62	7.10	3.62
1973	85.70	64.75	10.42	28.15
1974	57.47	17.39	38.31	82.61
1975	74.88	51.90	15.48	38.93
1976	78.87	81.57	15.76	18.43
1977	69.59	69.23	14.14	30.77
1978	51.35	48.96	13.43	14.48
1979	81.50	85.98	7.58	6.08
1980	41.17	40.14	7.03	6.64
1981	95.22	96.01	3.31	2.80
1982	88.53	86.79	4.75	5.46
1983	86.76	87.77	2.02	0.95
1984	78.35	78.21	16.17	21.01
1985	53.52	40.85	18.42	25.79
1986	88.86	83.18	2.57	3.37
1987	75.61	76.51	4.24	4.47
1988	87.82	83.27	6.52	9.09
1989	84.97	88.03	3.54	2.46
1990	11.79	15.38	58.49	62.94

（续）

年份	旱灾受灾面积占农作物总受灾面积比例（%）	旱灾成灾面积占农作物总受灾面积比例（%）	洪涝灾害受灾占农作物总受灾面积比例（%）	洪涝灾害成灾占农作物总受灾面积比例（%）
1991	37.24	38.41	27.28	34.93
1992	80.19	90.66	8.93	3.19
1993	44.38	41.39	36.28	38.95
1994	55.40	53.55	27.60	38.97
1995	51.29	35.37	18.31	36.99
1996	61.56	46.63	28.54	46.81
1997	72.20	72.23	14.81	17.52
1998	44.06	42.35	40.43	41.57
1999	85.44	81.29	7.67	9.84
2000	90.27	92.95	3.24	3.22
2001	60.07	58.44	13.82	13.72
2002	76.63	80.93	0.08	0.08
2003	32.56	13.84	58.13	74.24
2004	14.27	16.34	36.99	49.42
2005	20.01	10.10	29.44	47.99
2006	54.57	59.90	19.49	17.60
2007	33.88	21.05	28.46	44.16
2008	19.70	—	39.94	—

　　表 2-19 可见，旱灾所造成的经济损失比例高于洪涝灾害。其中 1952 年、1957—1961 年、1965—1966 年、1970—1979 年、1981—1989 年、1992 年、1994—1997 年、1999—2002 年、2006 等年份所占比重都在 50% 以上。1958 年、1966 年、1981 年、2000 年更是到达 90% 以上。而洪涝灾害只是在 1950 年、1951 年、1956 年、1962—1964 年、1990 年、2003 年等年份受灾面积

达到50％以上。1949—2008年旱涝灾害波动趋势如图2-20。

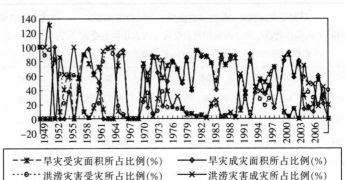

图2-20　山东省旱涝灾害灾损情况波动图

（3）旱涝灾害对粮食产量的影响。灾害对农业经济的影响主要体现在粮食产量的减损上。据相关资料统计，1950—1987年山东省因灾累计减产粮食512.9亿公斤，年均13.5亿公斤；减产棉花17.85亿公斤，年均0.47亿公斤；减产油料19.1亿公斤，年均0.5亿公斤（《山东省志　民政志》）。1949—2008年年均农作物受灾面积4 725.60万亩，成灾2 159.59万亩。

表2-20是改革开放以来山东省粮食产量与各灾种受灾率、成灾率的相关数据。

表2-20　山东省粮食产量与灾种情况

年份	粮食产量(100万吨)	播种面积(万亩)	总受灾率(％)	总成灾率(％)	洪涝灾害受灾率(％)	洪涝灾害成灾率(％)	旱灾受灾率(％)	旱灾成灾率(％)
1978	22.88	13 212.00	46.65	25.51	6.27	3.69	23.96	12.49
1979	24.72	13 102.50	46.82	26.63	3.55	1.62	38.16	22.90
1980	23.84	12 712.50	43.43	22.05	3.05	1.46	17.88	8.85
1981	23.13	12 225.00	52.89	27.48	1.75	0.77	50.36	26.38
1982	23.75	11 527.50	44.71	23.37	2.13	1.28	39.58	20.28

（续）

年份	粮食产量 （100万吨）	播种面积 （万亩）	总受灾率 （%）	总成灾率 （%）	洪涝灾害 受灾率 （%）	洪涝灾害 成灾率 （%）	旱灾 受灾率 （%）	旱灾 成灾率 （%）
1983	27.00	11 692.50	41.40	18.88	0.84	0.18	35.92	16.57
1984	30.40	11 749.50	32.59	16.32	5.27	3.43	25.53	12.77
1985	31.38	11 976.00	51.17	21.08	9.43	5.44	27.39	8.61
1986	32.50	12 672.00	47.96	21.06	1.23	0.71	42.61	17.52
1987	33.94	12 322.50	40.15	21.04	1.70	0.94	30.36	16.10
1988	32.25	12 141.00	58.15	21.56	3.79	1.96	51.07	17.96
1989	32.50	12 087.00	58.42	23.50	2.07	0.58	49.64	20.68
1990	35.70	12 228.00	34.95	17.54	20.44	11.04	4.12	2.70
1991	39.17	12 132.00	29.85	14.94	8.14	5.22	11.12	5.74
1992	35.89	11 878.50	63.24	33.65	5.64	1.07	50.71	30.51
1993	41.00	12 319.50	45.57	23.54	16.53	9.17	20.22	9.74
1994	40.91	12 021.00	44.95	16.78	12.40	6.54	24.90	8.98
1995	42.45	12 198.00	28.66	9.11	5.25	3.37	14.70	3.22
1996	43.33	12 355.50	47.10	17.77	13.44	8.32	28.99	8.29
1997	38.52	12 124.50	58.72	33.62	8.69	5.89	42.39	24.28
1998	42.65	12 199.50	18.95	6.27	7.66	2.61	8.35	2.66
1999	42.69	12 148.50	37.10	15.19	2.85	1.50	31.70	12.35
2000	38.38	11 658.00	47.61	29.21	1.54	0.94	42.97	27.15
2001	32.71	10 730.27	50.27	31.89	6.95	4.38	30.19	18.63
2002	32.93	10 368.92	71.49	45.99	0.06	0.03	54.78	37.22
2003	34.36	9 623.12	41.03	19.48	23.85	14.47	13.36	2.70
2004	35.17	9 470.82	30.70	12.21	11.36	6.03	4.38	2.00
2005	39.17	10 067.60	26.52	10.62	7.81	5.10	5.31	1.07
2006	40.93	10 498.70	26.86	15.79	5.24	2.78	14.66	9.46
2007	41.49	10 404.74	26.89	9.17	7.65	4.05	9.11	1.93

资料来源：历年《中国统计年鉴》。

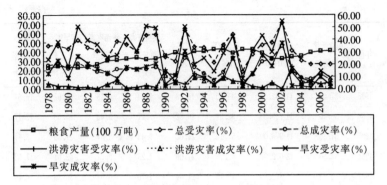

图 2-21　山东省粮食产量与致灾灾种对比图

从图 2-21 中可见，改革开放后山东省粮食基本保持稳定的增长，但会随着灾情的出现而产生波动，特别是受旱灾的影响较大。1992 年、1997 年、2000 年、2002 年等年份由于旱情几十年难遇，故而粮食产量出现大幅度的下降。

但一些需要注意的现象是，从一个较长的时段看，粮食产量与受灾率、成灾率仅呈微弱的相关，反映了科技水平提高以及国家对救灾事业的重视有助于粮食安全的稳定。

以下分析旱涝灾害对粮食产量的影响。通过对 1949—2007 年山东省主要农业灾害受灾面积、成灾面积与粮食产量相关系数计算与显著性检验结果如下：

表 2-21　山东省受灾面积、成灾面积与粮食产量相关系数计算与显著性检验结果

	相关系数	t 值
农作物受灾总面积	−0.417	0.022
农作物成灾总面积	−0.462	0.01
洪涝受灾面积	0.375	0.041
洪涝成灾面积	0.36	0.051
旱灾受灾面积	−0.405	0.027

（续）

	相关系数	t 值
旱灾成灾面积	−0.429	0.018
风雹灾受灾面积	−0.209	0.267
风雹灾成灾面积	−0.35	0.058
低温受灾面积	0.225	0.233
低温成灾面积	0.036	0.85

结果反映，旱灾作为主要致灾灾种，与粮食产量呈现明显的负相关。而洪涝灾害则仅呈微弱的低度相关。在显著性检验结果上，t 值除了洪涝成灾略大于 0.05，其他三项都小于 0.05，说明这一计算是有效的、显著的。

（二）对人畜生命安全的影响

灾害的发生具有阶段性和突发性的特征，这两种特征使得它对人口状况的影响既有长期性，又有短期的效用，集中体现于对人畜生命安全上。

1. 直接致人死亡　洪涝灾害、地震灾害、雪灾、冰雹灾害、台风灾害等灾种能直接对人的生命形成威胁。1900—1949 年中国因各种灾害死亡的人数至少在 320 万以上。新中国成立后，随着国家经济水平的提高，救灾能力的加强，因灾死亡人口大大减少。1950—1979 年因灾死亡人口仅占同期全国人口总数的 0.074%。1980 年后，虽然随着全国人口基数的增长，受灾人口增多，但人口死亡数量并未增加。1980—2000 年的平均因灾死亡人口约占全国同期的 0.005 8%（科技部国家计委国家经贸委灾害综合研究组，2000）。

从山东省的具体情况看，1950—1987 年因灾死亡 1.738 万人，年均 457 人（《山东省志·民政志》）。1949—1994 年受灾人口合计 41 012 万人，年均 3 154.77 万人，成灾人口 45 489 万人，年均 1 299.69 万人，累计因灾死亡 12 913 人，年均 368.94 人。累计死亡牲畜 116 167 头，年均 4 148.82 头。

表 2-22　山东省因灾损失情况

年份	受灾人口（万人）	成灾人口（万人）	倒塌房屋（间）	损坏房屋（间）	死亡人数（人）	死亡牲畜（头）
1949		650			42	
1950		137			20	
1951		383	41 864		396	
1952		322			4	
1953		600	1 668 000		1 158	1 183
1954		63	151 974		187	433
1955		186	130 207		327	418
1956		240	525 084		373	4 847
1957		1320	2 860 000		1 311	7 660
1958		375	174 379		559	732
1959		1 000	57 431		69	38
1960		1 435	532 356		718	1 202
1961		1 259	3 919 985		1 996	2 149
1962		1 000	1 208 204		1 132	1 187
1963		1 500	1 414 295		898	496
1964		2 000	2 668 952		1 290	454
1965		700	43 706		41	58
1966		1 300	128 137		398	
1978		1 575	171 140	843 913	266	924
1979		1 816	44 409	248 814	120	245
1980		1 516	38 471	257 549	46	903
1981	4 570	1 947	16 000	40 000	27	15

（续）

年份	受灾人口 （万人）	成灾人口 （万人）	倒塌房屋 （间）	损坏房屋 （间）	死亡人数 （人）	死亡牲畜 （头）
1982		2 752	141 635	231 419	55	676
1983	1 730	710	28 400	260 300	122	2 200
1984	938	454	70 000	118 000	49	2 400
1985	2 112	1 450	275 000		183	1 200
1986	2 556	1 957	32 000	354 000	47	
1987	2 250	1 288	60 000	380 000	95	
1988	3 000	2 010	50 000	210 000	76	2 000
1989	4 824	2 413	41 000	41 000	24	1 800
1990	3 000	1 898	420 000	310 000	280	17 122
1991	4 038	2 373	100 000	340 000	99	6 130
1992	4 726	3 057	123 000	190 000	134	2 781
1993	3 512	2 149	324 900	739 400	229	47 704
1994	3 756	1 654	110 300	292 400	142	9 210

资料来源：范宝俊主编，《灾害管理文库》第四卷，当代中国出版社，1999 年。

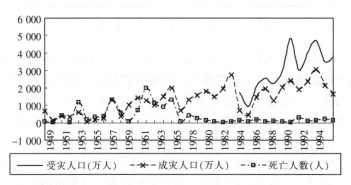

图 2-22 1949—1994 年山东受灾人口、成灾人口与
因灾死亡人数图

由图 2-22 可见，20 世纪 60 年代中期前，山东省由于国民

经济水平较低，抗灾能力较差，因灾死亡人口与受灾、成灾人口之间波动趋势具有较强的一致性，1949—1965 成灾人口与死亡人口相关系数约为 0.655 7，两者呈正相关。而 1978—1994 年相关系数为－0.030 1。两者呈负相关，说明由于科技医疗水平提高以及经济的发展，人的抗灾能力大大增强。1949—1994 年山东省因灾死亡人口与总人口之间的相关系数为－0.49，呈负相关；1953—1988 年因灾死亡人口与总死亡人口相关系数为 0.51，呈低度相关。如图 2-23。

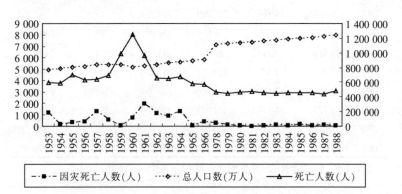

图 2-23 山东省因灾死亡人数变化图

2. 间接致人畜死和健康受损 灾害对人畜的影响还体现在因灾造成的水和食品获取困难，卫生条件恶化，进而引发饥荒和疫病流行，间接导致人员大量死亡。据统计，1900—1949 年因饥荒和瘟疫流行导致的死亡人口在 725 万人以上，随着新中国成立后医疗水平的提高，1950—1979 年这一数目减少到 113.5 万人（科技部国家计委国家经贸委灾害综合研究组，2000）。从山东的情况看，虽然新中国成立后发生大规模饥荒的可能性大大减少，但由于一些政策的失误，给广大百姓，特别是农村居民的生活带来威胁。据《山东省志·民政志》相关资料，1950—1987 年，农村受灾地区由于缺少粮食，每人每天只能供应 4 大两，大批农民患有水肿、干瘦等疾病，80％～90％的儿童患有营养不良症，人口大量外流，不少人因病饿而死亡。

因灾害发生的饥荒会影响居民的身体健康。1959—1961年山东省遭遇旱灾，加之一些政策的错误，各地出现了饥荒，严重影响了人民的身体素质。1962年，省卫生防疫站等对济南市1～21岁的10 560名儿童和青少年身体形态的4项主要指标进行了调查。1962年与1956年相比，男、女平均体重分别下降2.97公斤和2.45公斤。其中青春发育阶段男、女身高下降最明显，分别是7.5厘米和6.0厘米；体重下降5.12公斤和5.27公斤（《山东省志·卫生志》）。调查结果表明，饥荒会影响国民的发育和健康，造成人体体质的缺陷，反映了灾害具备的社会属性。

（三）致使房屋受损、倒塌

农业灾害的发生也常常导致房屋受损乃至倒塌，从而给人民的生活和生产带来严重损害。下为1949—1995年（缺1967—1977年数据）山东省历年因灾倒塌、损坏房屋的简图（图2-24）。

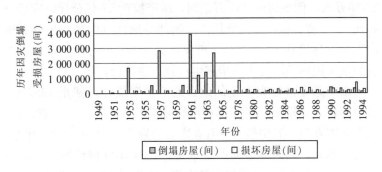

图2-24 山东省因灾损坏房屋图

资料来源：范宝俊主编，《灾害管理文库》，第四卷，

当代中国出版社出版，1999年。

第三章

新中国成立初期的（1949—1957）
农业救灾

一、1949—1957 年农业灾害概况

1949 年 8 月山东全境解放，10 月 1 日新中国成立，山东进入一个全新的历史发展时期。1949—1957 年是新中国经济的恢复期。这一时期除了面临长期战争造成的千疮百孔的经济形势外，还必须应对各种灾害的挑战。

新中国成立之初中国面临的灾害问题十分严重。仅就 1949 年的水灾来说，全国受灾面积约 1.278 7 亿亩，受灾人口约 4 555 万人，倒塌房屋 234 万余间，减产粮食 57 亿公斤，灾情分布在 16 个省、区，498 个县、市的部分地区（中华人民共和国内务部农村福利司，1958）。重灾区共 2 800 余万亩，最需要救济的重灾民约 700 万人（华东生产救灾委员会，1951）。

山东是灾情较为严重的地区之一。据统计，截止 1957 年，新中国成立 9 年来，每年都有或轻或重的水、旱、风、雹、霜、虫等灾害发生。其中较大的有 3 次，分别是 1949 年河北、山东、皖北、苏北、河南等地的严重水灾；1954 年江淮流域百年未有的大水；1956 年，50 年未有的台风和严重水灾。这其中有两次涉及山东。灾害对山东造成了巨大的损失。1949—1957 年共计受灾面积 22 926 万亩，年均受灾 2 547.33 万亩，成灾 11 143 万亩，年均成灾 1 238.11 万亩，均低于 1949—2008 年的年均受灾、成灾面积 4 725.60 万亩、2 159.60 万亩。说明此一时期单

纯就灾情而言，尚不是山东省最为严重的时期。

表3-1 1949—1957年山东主要农业灾害情况

单位：万亩

年份	合计			洪涝			旱灾			风雹灾			低温		
	受灾	成灾	绝收	受灾	成灾	绝收	受灾	成灾	绝收	受灾	成灾	绝收	受灾	成灾	绝收
1949	1 598	1 598	0	1 598	1 598	0	0	0	0	0	0	0	0	0	0
1950	481	413	0	429	413	0	0	0	0	68	0	0	0	0	0
1951	2 017	807	0	1 941	1 057	0	0	0	0	76	0	0	0	0	0
1952	705	480	0	0	0	0	584	480	0	121	0	0	0	0	0
1953	5 130	1 555	0	3 232	1 345	0	500	0	0	500	0	0	898	210	0
1954	3 416	569	0	724	352	0	1 400	0	0	358	200	0	934	217	0
1955	1 697	559	0	630	347	0	1 000	212	0	67	35	0	0	0	0
1956	984	620	0	602	620	0	0	0	0	364	0	0	0	0	0
1957	6 898	4 542	0	2 700	2 542	0	4 000	2 000	0	198	60	0	0	0	0

资料来源：历年《中国统计年鉴》。

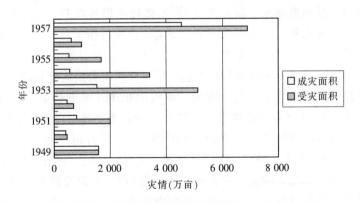

图3-1 恢复时期（1949—1957年）中国的基本灾情

从成灾情况看，1949年、1953年接近，但后者的受灾面积高出许多，反映随着新中国各项建设事业的发展，抗灾救灾能力有了明显的提高。这从 1954 年的情况也可以看出。但到了 1957 年因为水灾的大爆发，新中国建立以来最大的一次灾情出现了。这一时期的灾情大致情况如下：

据中央救灾委员会山东灾区视察组 1950 年 4 月的报告，该年山东省"一百零三县遭受水灾，受灾面积一千二百四十八亩，约占全省耕地 12% 强"。该年全省 68 个县发生小麦腥黑穗病，发病面积达 390 多万亩，小麦减产 1 950 多万公斤。鲁中南地区病株率最高，一般达 10%～20%，重者达 60%～80%。1951 年，德州、惠民、滕县、临沂等专区的 50 多个县市 101.4 万亩土地发生蝗灾，密度每平方丈最多达 1 000 只。1953 年山东省 12 个专区、89 个县的 570 余万亩麦田发生黏虫，渤海地区最严重。同时 6 月中旬至 8 月中旬山东省连续普降大雨和暴雨，"有六十三条支流小河决口三百二十处，加上山洪、内涝及海水倒灌，全省受灾面积一千五百五十五万亩，重灾人口六百二十七万人，倒塌房屋一百六十六万间，淹死、砸死耕畜一千一百多头。受灾最重的是聊城、德州、菏泽、惠民、莱阳五个专区。"这一年由于受到遭遇水、霜灾害，"小麦播种面积共六千一百五十九亩，受灾面积八百九十八万亩，受灾人口四百四十六人，全省平均减产二成，减收小麦十二亿斤*。"1954 年 8 月底至 9 月初卫运河洪水暴涨。根据水利部指示，甲马营两次分洪入恩县洼，恩县洼滞洪总量达 1.4 亿立方米，淹没面积 140 平方公里，69 个村庄、16.8 万亩耕地被淹。1955 年，胶东半岛暴雨成灾，文登、莱阳两专区淹地 60.97 万亩，其中绝产 28.3 万亩，倒房 5 377 间，死亡 79 人。聊城、济宁、德州、菏泽、惠民、泰安、临沂、胶州等专区发生蝗灾，受害面积 16 万余亩。全省发现牛传染性感冒，发病急促，流行迅速，短期内波及 114 个县。至年底，病牛达 491 283 头，死亡 2 861 头。1956 年 9 月上旬，"据不完全

---

* "斤"为非法定计量单位，1 斤＝500 克。——编者注

统计，受到水灾、雹灾的耕地达一千一百九十四万零二百九十六亩（台风面积未统计在内）。其中重灾约有五百余万亩，倒塌房屋五十二万五千零八十四间，倒折大小树木八十一万零七百二十九株，冲走和打碎渔船二百六十七只，霉烂小麦五亿余斤，刮落水果四百余万斤。"1957年，"济宁、菏泽、临沂等专区7月中、下旬降雨量达七百至一千公厘以上，相当于正常情况下一年半的降雨量。这样大的雨量大大超过了河流湖泊的蓄洪排水能力，造成了河流水位的猛涨，沂、沭、汶、泗、万福、胶莱等河及微山、昭阳、独山、南阳等湖都超过了保证水位或历年最高水位，形成大片深重灾区。济宁专区沿湖，菏泽专区西南部，临沂专区南部，共约十余县的广大地区一片汪洋，被水围困的群众曾达一百三十万人。""经过核实，水灾受灾面积三千一百八十三万余亩，其中成灾面积二千五百四十二万亩，内减产七成以上至无收益的一千五百四十四万亩，共减产粮食三十三亿七千六百万斤。当时水围一万二千二百六十三村，进水四千五百八十五村，冲毁一千余个村，倒塌房屋二百八十六万余间。8月以后，全省普遍干旱八千二百余万亩，晚秋均有减产，其中有六十一个县四千万亩晚秋成灾，共减产粮食二十亿斤。连同小麦减产，总计全年比计划产量减产六十二亿七千六百万斤。按全省人口平均，每人减产一百二十斤粮食。其他花生、烤烟等也因旱减产30%～50%"[①]。1957年成为新中国成立以来山东省灾情最严重的一年。

新中国成立初灾害频发的原因，学术界认为，主要是由于水利设施因战争遭到严重破坏；而长期的战争使国民经济尤其是农业生产遭到严重摧残，降低了人民救灾度荒的能力；此外，由于日本侵略军对中国人民的疯狂掠夺和国民党的大肆搜刮，人民群众贫困不堪，丧失了救灾能力（赵朝峰，2000）。蒋积伟（2008）

---

① 以上灾情资料主要根据中华人民共和国内务部农村福利司（1958）、《山东省农业大事记（1840—1990）》各年总结。

对文献综述后认为，除了前述原因，山东与河北、苏北之所以明清之后就成为灾害频发的地区，还有深层的原因，即心理上的压力。灾荒的频繁发生对于当地民众的心理影响是非常大的，社会心理结构出现损伤，相比较物质损害来说是一种更严重的内在性灾害后果，影响到民众对于抗灾救灾的态度。连续不断的灾害，使民众对于灾荒的恐惧感愈来愈重，每当灾荒来临时，他们首先想到的不是如何积极救治灾害，而是逃荒或者听天由命、任其发展，灾害愈是频繁和严重，灾民愈认为其是不可抗拒的，在救治灾害的态度上就愈消极。王子平（1998）指出："在历来灾害造成人员伤亡、财产损失之外，还会造成社会机体和功能的全面破坏，造成人的心理和精神世界的损伤。"这种心理上的创伤相比物质上的损失后果更严重。

二、农业灾害救济制度

严峻的灾害形势引起了各级政府的高度重视。早在1949年12月，政务院生产救灾指示中就曾提出："必须引起各级人民政府及人民团体的高度注意……绝不可对这个问题采取漠不关心的官僚主义态度。"1950年1月，内务部关于生产救灾的补充指示中也曾提出："各级人民政府要对救灾负起高度的责任，不要饿死一个人。"政府认识到，抗灾救灾已不是一个独立的问题，而是"新民主主义政权在灾区巩固存在的问题，是开展明年大生产运动、建设新中国的关键问题之一"（华东生产救灾委员会，1951）。各级政府开展卓有成效的救灾工作。

（一）建立救灾机构

新中国成立初的灾害救济工作主要由内务部负责，中央政府针对严峻的灾情，提出"不许饿死人"的口号，1950年提出"生产自救，节约度荒，群众互助，以工代赈，并辅之以必要的救济"的救灾方针，1953年修改为"生产自救，节约度荒，群众互助，并辅以政府必要救济"，并建立中央救灾委员会和中国人民救济总会①。新中国成立初期强调生产自救为重心，主要是因为"帝国主义蒋匪帮的搜刮破坏，民无储蓄，使得救灾工作发生不少困难……又缺乏生产自救的经验"（新华时事丛刊社，1950），因此，"救灾离不开生产，生产自救要很好地结合起来。"（方樟顺，1995）

山东省政府按照中央的指示精神，1949 年 5 月建立了山东省生产救灾委员会。1950 年 6 月山东省黄河防汛指挥部成立。7月，省政府决定成立防汛委员会。这一时期的救灾工作主要由民政部门实施。1950 年，各级政府以民政部门牵头，由粮食、农业、财政、水利、商业、供销等部门参加，组成"救灾领导小组"或"救灾委员会"。同时要求部门之间密切配合，各负其责，协调进行。各地的救灾机构相继建立。比如莱阳专署的莱东县1949 年成立了"生产救灾委员会"，负责生产救灾工作（《莱阳民政志》）。淄博市淄川区 1950 年上半年，县、区、村都建立了生产救济委员会，领导群众互助互济、生产救灾（《淄川区志》）。昌潍专区于 1950 年 1 月成立生产救灾委员会，提出"不逃荒、不要饭、不饿死人"的要求（《潍坊市志》）。济宁尼山专员公署建立生产救灾委员会后，专区及县生产救灾委员会一直没有间断过工作。其办公室曾根据需要分别设置在民政局、农业局、粮食局、财贸办公室等部门（《济宁市志》）。这一时期各地还建有临时性的救灾领导机构，比如青岛市遇到大的灾害，政府会成立"青岛市救灾委员会"和"生产救灾指挥部"、"抗旱救灾指挥部"等机构（《青岛市志 民政志》）。临沂地区大灾之年，地区和受灾县专设生产救灾指挥部或委员会，由地、县委书记和专员、县长

---

① 孙绍骋（2004）指出，新中国成立初期中央救灾委员会的成立主要是基于生产救灾的考虑，因为生产救灾是一系列繁重的组织工作，不是短期的突击任务，必须成立相应的机构专门领导，否则在当时的形势下，很难保证灾区不出问题。

分任正、副主任。以民政部门为主，从粮食、卫生、交通、供销、银行、邮电等部门抽调人员成立办公室，办公室与民政部门合署办公，负责及时掌握灾情和报灾、定灾（《临沂地区志》）。济宁在 1957 年水灾后，迅速成立抢险救灾指挥部，下设物资供应、交通运输、灾民安置和生产救灾 4 个办公室（《济宁市志》）。各专业灾害监测机构也先后成立，1952 年山东军区成立气象科。同年春山东省在全国首先试行国家制定的《蝗虫预测预报试行办法》，在沿渤海蝗区建立了全国第一个蝗虫侦察组织。1953 年 10 月转隶于山东省人民政府，定名山东省气象科。1955 年 3 月，扩建为山东省气象局。

（二）完善勘灾报灾制度

中国古代社会有着完善的灾情报勘制度，延误或匿灾均会受到严惩。新中国成立后，也逐渐开始建立一套完善的报灾勘灾制度。1957 年，民政部印发了《自然灾害情况统计制度》，要求按规定时限逐级上报《灾情统计报表》，并对统计方法、标准等作了详细、明确的规定（孙绍骋，2004）。

山东省对灾情勘报工作高度重视，政府以民政部门为中心，规定受灾县（市）必须在灾情发生后立即上报，灾情主要包括作物受灾、成灾、绝产面积，受灾人口，人、财、物损失程度，生活状况及因灾引起的疾病等。报灾按乡镇、县市、地区逐级上报。特大灾情乡镇可直报省民政厅。综合报灾，按国家统一表式，一年夏、秋、年终 3 次核实上报，夏季灾情于 7 月底以前，秋季灾情于 11 月底以前，全年灾情于次年 1 月底以前，书面报告省民政厅。省民政厅根据地、市、县报告的灾情，报告省政府和民政部、财政部，并分送省直各有关部门。同时，立即派员到受灾较重的地方或单位进行实地察看，会同党政领导人现场察看、核定成灾情况，并协助受灾单位抢救安置灾民、开展生产救灾。计灾标准，中央生产救灾委员会囿于各地计算灾情深度，标准不一，有碍对灾情的统一认识和正确掌握。1951 年 3 月 8 日第八次会议决定："收成三成以下为重灾，六成以下为轻灾，全年灾情按全年正产物收成统一计算。"今后有灾地区民政、财政、农业、水利等部门应一律按此标准计算灾情。各地民政部门均以此制定灾情勘报制度。莱阳专署 1954 年针对本区内一贫困户断炊自杀而向全区发出了"加强生产救灾工作领导，制止因灾自杀事件发生"的通报，对灾情上报规定，县、区均须建立严格的灾情报告制度，各县应每半月报告一次灾情，具体规定每月 5 日与 25 日，各县应向专署电话报告，报告内容：①当前灾情动态；②采取的措施；③存在什么问题等（《烟台民政志》）。临沂地区在 1954 年全区 8 个县遭遇雹灾，连同上年小麦受冻，减产达到三至五成。政府将灾区按照不同的标准，分为重灾区、轻灾两级，分别予以救济。其中，重灾区每人每天小米半斤；轻灾区每人每天 6 小两，孤老残疾人半斤，产妇和重病灾民每日增加 4～8 小两；灾区无草喂养的牲畜，用生产贷款扶持（《临沂地区志》）。

（三）新中国成立初的救灾制度

灾荒救济制度也称荒政，是国家有关救济灾荒的法令、制度与政策措施。荒政一词，最早见诸成书于战国时代的《周礼·地官·大司徒》。书中提出的救灾之法："以荒政十有二聚万民：一曰散利，二曰薄征，三曰缓刑，四曰弛力，五曰舍禁，六曰去几，七曰眚礼，八曰杀哀，九曰蕃乐，十曰多昏，十有一曰索鬼神，十有二曰除盗贼。"这些方法影响各个时期的救灾活动。新中国成立后，面对严峻的灾情，各地实行了行之有效的救灾制度，这些制度大致可以分为灾民紧急救援、灾后政府救援、政府给予灾民减税增收政策和措施、生产自救等。具体而言，主要有以下几种：

1. 生产自救，发展副业　中共中央山东分局和省人民政府根据 1949 年新中国成立时山东农业经济的实际状况，提出了把生产救灾作为恢复农业生产的中心工作。昌潍专区生产救灾委员会针对本区情况，提出生产救灾工作中的 4 个关键，其中指出：生产救灾主要是积极领导群众从事各种生产来解决灾荒，另一方面号召群众省吃俭用度过灾荒。生产救灾一个重要环节即是把工商、银行、合作社的力量结合起来，投入救灾；尤其对于合作贸易部门，要认真帮助解决群众各种副业、手工业成品的销路与原料供给的困难（王林，2006）。由此可见，生产救灾的主要做法有种植早熟作物和蔬菜、发展副业等。

为了弥补灾后口粮不足、缩短灾期，各地纷纷发动灾民种植了大量早熟多产作物和蔬菜。《山东省人民政府 1949 年生产救灾工作总结》中指出，山东省"发动灾区群众种植早熟作物，挖野菜，积干菜六亿斤"（中华人民共和国内务部农村福利司，1958）。海阳县政府为贯彻"中央华东局区党委生产救灾指示精神"，把生产救灾，作为压倒一切中心的工作。克服困难，进行生产建设。领导全县人民生产自救，开展社会互济，自由借贷。据统计，全县种植早熟作物：豌豆 2 800 亩，地豆、小白菜46 230亩，共 49 030 亩。平均每户 1 分 1 厘（《海阳民政志》）。沂水县利用三伏季节，领导灾民抢种荞麦、胡萝卜、大白菜、萝卜等晚秋作物增加收入。在秋收秋种的同时，发动灾民采集代食品。丰台区 41 个村 4 214 户，晒野菜 3 750 公斤，地瓜秧头16 000公斤，菜缨 3 647 公斤，豆叶 6 647.4 公斤（《沂水县志》）。1950 年山东地区响应华东地区各级政府"每人种一分菜运动"，动员妇女种植早熟作物和种菜（《烟台民政志》）。1954年聊城水灾严重，当地开展生产救灾运动：一是排除积水，打捞有收作物；二是扩种晚秋作物，种足种好小麦。馆陶、冠县、高唐 3 县的 3 个乡，灾后扩种萝卜、菠菜 1 860 亩，黄河河床区的24 万亩地全部种上小麦（《聊城市志》）。济宁地区 1957 年水灾后，补种晚秋作物 114 万亩，扩种蔬菜 72 万亩，解决互济粮

379.7 万斤，筹集代食品 481.7 万斤，衣物 4 万余件（《济宁市志》）。

发展副业是一种较积极的度荒措施。因为副业的生产周期短、见效快、方便灵活、受自然条件限制小、适应各种劳动力和半劳动力。据统计，新中国成立初期，我国的副业，如土特产等在农民的收入中占 30% 以上；1950—1952 年，国家从农牧民手中收购的各种土特产约合 5.2 亿多元，相当于 600 万农民一年的收入（孟昭荣，1989）。因此，发展副业具有重要的地位。政务院在 1949 年 12 月"关于生产救灾"的指示中，即号召各地要"因地制宜，恢复和发展副业和手工业……要根据各地条件，找出灾民生产办法，'靠山吃山，靠水吃水'。"山东省根据本地情况，大力支持副业生产，《人民日报》1950 年 8 月 5 日记载，"省合作社决定将 60% 的资金用于扶持灾民的副业生产"，由此"开展起来的副业有一百多种，全省参加副业生产的灾民约有八百万人。"各地的副业生产逐渐开展起来。

据相关资料记载，胶东西海专区有 30 万人参加编草帽辫，粉丝在冬春两季各地均有普遍生产，黄县、招远两县更为发达。受战争影响，土地荒芜的地区，开展了创茅草根运动，1 至 5 月份，共刨 7 000 余万斤，换粗粮约 100 余万斤，既消灭了荒地达到了增产，又解决了春荒时间牛草、烧草的困难（《烟台民政志》）。淄川根据当地的自然条件，开展了打石槽、石磨、熬碱、结网子等副业生产。拨给蓼河区南流庄粮食 500 斤，组织 31 户，就地取材，办起了砖瓦窑厂（《淄川区志》）。1949 年秋，枣庄地区先旱后涝，地方政府采取"节约备荒，副业生产，以工代赈，群众互助，国家救济"的措施，发放副业贷款 29 000 万元（旧币）。1953 年又帮助 15 万人搞起副业生产（《枣庄市志·民政志》）。1952 年秋，昌潍 5 县遭受雹灾，昌邑、潍县、寿光 3 县和羊角沟区遭受海潮袭击，全区灾民 64 万人。寿光县发动 2.25 万人投入捕鱼、晒盐、运输、编织等副业，组织 350 名灾民帮修盐砣基等。昌邑县二区杨埠乡（重灾区）组织 40 辆小车运输煤炭；昌邑、潍北、寿光 3 县编织苇席 2.7 万张，蒲包 2 575 万个，由供销部门收购；益都县二区瓜市村，国家贷款 700 万元（旧人民币）开办砖窑 3 处；十六区官庄组织灾民打土坯，盖包土房，贩运山果；潍坊市发动街道贫民组织制刷、缝纫、做硝等生产组 40 个（《潍坊市志》）。1953 年，高青县全县大部分农村遭涝灾，县政府派出工作队下乡救灾，组织副业生产互助组 1 356 个，发展织布、柳编、造毛头纸、熬硝等副业生产，组织社会互济 452 户，插伙组 30 个，有 2 316 户解决了生活困难（《高青县志》）。沂水县 1949 年的副业生产，据沂中县 11 个区的统计，有 76 个村，安排 25 人纺线、35 人做小买卖，869 人打开矿金，共赚钱 9 832.1 万元（旧币），粮 8 517 公斤（《沂水县志》）。巨野县在 1951 年水灾后，从县到村，层层建立生产救灾，组织人民群众抢种荞麦，大种秋菜、储藏干菜，开展编席打篓、织土布、熬小盐等多种副业生产（《巨野县志》）。1956 年菏泽全区有 6 121 处农业社，1 500 余人开展了副业生产，其中灾民占 58%，副业门路 40 多种（《菏泽地区志》）。济宁 1957 年组织 42.5 万人开展了木业、采石、编织、捕捞、运输、加工等 100 多种副业生产（《济宁市志》）。日照在 1957 年春荒发生后，供销社购进芦苇 30 万公斤，毛竹 3 000 余根，扶持灾民搞副业加工（《日照市志》）。菏泽、济宁、临沂 3 个专区 1.51 万处受灾农业生产合作社（占受灾社数的 93.7%）开展 60 余种副业生产，参加劳力 130 万人（占灾民劳力数的 30%）（《山东省志·民政志》）。

2. 国家赈济　灾害时期国家的及时赈济是帮助灾民平稳度过灾荒的重要措施。新中国成立初，全国"四千万灾民中约有 20% 不需要救济，60% 至 70% 经过组织生产和略加扶持即可度过灾荒，受重灾而无劳动力或劳动力不足急需救济的只有 10% 至 20%，约 700 万人"（中华人民共和国内务部农村福利司，

1958）。面对突发灾害造成的巨大损失，政府需要对这部分生活困难的人予以及时救济。国家赈济主要有如下几种，一是赈济钱物，二是蠲免赋税，三是开展农业保险。

（1）赈济钱物。中央政府规定了灾害赈济的方法："发放的方式不是放了了事，而是首先经过调查，群众会议，谁处应多，谁处应少，每个村子里谁家应多，谁家应少，务使救灾粮发放恰当，落在应得者的灾民手里。"① 国家救济款主要用于吃饭、穿衣、住房及因灾引起的疾病治疗。救济标准，口粮救济按原粮计算，1950—1959 年每人每天 8 两（十两制，下同），1960—1963 年每人每天 5～6 两，1964—1977 年每人每天 8 两，1978—1987 年每人每天 1 斤（《山东省志·民政志》）。以此为依据，各地开展了卓有成效的灾害赈济工作。

据统计，山东省政府于 1949 年冬发放库存旧棉花 27 万余斤、衣片 17 万余斤、各种衣物 3 万余件，1950 年上半年又陆续发放粮食折合小米约 6 000 万斤，主要用于春节前后急救及灾民的春耕口粮（华东生产救灾委员会，1951）。总体上讲，轻灾县得到救济粮的人口占 15%，重灾县达 30%～50%（华东生产救灾委员会，1951）。有效地缓解了灾民的生活。其中，北海专署为了救济灾荒，对灾区赈济苞米和高粱共计 200 万斤（福山 36 万斤，东栖、西栖各 31 万斤，蓬莱、黄县、招远各 34 万斤）、豆饼计 400 万斤（黄县 120 万斤，招远 70 万斤，蓬莱 60 万斤，福山 55 万斤，东栖 50 万斤，西栖 45 万斤）等（《烟台民政志》）。同年，各级党、政、军机关拨给海阳救灾粮 1 403 650 斤，人民币 696 200 元。贷放粮 54 万斤，豆饼 50 万斤，花生饼 634 733斤，食盐 17 000 斤（《海阳民政志》）。此年泰安春旱成

---

① 此条资料根据《平原日报》，《立即纠正发放救济粮中的偏向与错误》，河北省档案馆：935－5－73；转引自陈冬生，《建国初政府赈灾研究》，《求索》2005 年第 5 期。

灾，各级政府发急赈粮 498.06 万公斤，拨款 3.94 万元，棉衣 4 911 套，发补偿费 160.62 万元（《泰安市志》）。枣庄滕县发放救济款 1.6 万元，棉衣 1.15 万件，单、夹衣 0.8 万件，国家供应粮食 899 万斤，湿糖渣 30 万斤，拨农业贷款 281.9 万元（《枣庄地区志》）。1957 年 7 月泰安遭受新中国成立以来最大的水灾，全区倒塌房屋 38.73 万间，死伤牲畜 1 037 头，伤亡 627 人。省政府派 4 架飞机为水围村庄投送救生器材 1 500 具，熟食 0.35 万公斤。专署领导带领 200 人的医疗队赴灾区抢救、安置灾民，拨化肥、饼肥 4.5 万公斤，拨款 3.65 万元，贷款 8.42 万元，供应小麦 25 万公斤，抢救受灾作物 28.7 万亩（《泰安市志》）。据统计，1949—1959 年 10 年中，国家发放给寿光的救灾款 66.8 万元，救灾粮 81 万公斤，义仓粮 12 万公斤，以工代赈粮 4.5 万公斤，无息贷粮 59.5 万公斤（《寿光民政志》）。1949—1957 年国家共拨菏泽地区救济款 2 940 万元，同时拨发了大量救济粮，仅 1949 年就急赈 25 万公斤，拨生产贷粮 27.5 万公斤，春荒救济粮 22.5 万公斤，冬季救济粮 42.5 万余公斤，银行投入灾区生产资金贷粮 20 万公斤，无息贷粮 50 万公斤（《菏泽地区志》）。一个需要注意的现象是在新中国成立初期的赈济中，多以实物救济为主，后来逐渐演变为现金为主。这应该与国家经济发展水平相适应的。

但与以往历朝历代不同的是，新中国的灾害赈济不是单纯的放赈，而是坚持与生产相结合的原则（缺乏生产自救的除外），反对单纯的救济观点与依赖思想。政务院在《关于生产救灾的指示》中要求各灾区"（救济粮）不要平均分配，要用在扶助生产上"。

新中国的灾赈种类较以往有了很大的扩展，其一，灾赈物质不仅仅局限于钱粮衣物等物质，还包含了砖瓦、化肥、煤炭、木材、氨水、食盐等生活、生产用品。1952 年春寒后，国家供应沂水县供应水车 136 部，木犁 251 部，耕锄 128 部，小农具

67 990件，喷雾器245架，砷石3 287.5公斤和各种农药计价
11 292万元，饼肥45.5万公斤，化肥23万公斤和价值838万元
的其他肥料（《沂水县志》）。其二，赈贷的方法也更加灵活，既
有无偿的赈济，也有无息、低息的借贷。对于灾情较轻的地区，
国家主要是通过借贷的方式予以赈济。借贷的物品主要有现
金、生活用品、生产物质等。如淄博市临淄区1950年至1955
年，国家贷给灾区小麦种子10万斤，玉米种11 500斤；提供
生产周转资金3.2万元；发放无息贷款11.22万元，贷粮
376 724斤；扶持农民打井5 500眼；贷放水车866部（《临淄
区志》）。1953年春，山东全境不断遭受各种自然灾害，省粮
食厅向全省13个专区发放粮食，以粗粮换细粮和无息贷粮。
贷粮方法是委托基层合作社，按照保借保还、公私两利的原
则，贷给每户最多不超过125公斤和单身户最低不少于25公
斤的粗粮，麦收后按当地小麦收购牌价与粗粮出售牌价折还小
麦（《山东省志·粮食志》）。

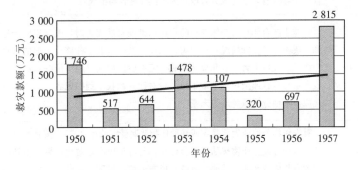

图3-2 新中国成立初期山东省救灾款变化图
资料来源：《山东省志·民政志》。

（2）蠲免赋税。因灾害造成农业生产的紧张，国家也对农业
税、副税予以减免。但减免的标准根据实际情况不断进行调整
（表3-2），各地按照标准减免税收。

表 3 - 2　山东灾歉减免标准

时间	减　免　标　准
1950	夏，歉收三成以上不到四成者减征二成，四成以上不到五成者减征三成，五成以上不到六成者减征五成，六成以上不到七成者减征七成，七成以上者全免 9 月，歉收二成以上不到三成者减征二成，三成以上不到四成者减征三成，四成以上不到五成者减征四成，五成以上不到六成者减征六成，六成以上不到七成者减征八成，七成以上者全免
1952	歉收六成以上者全部免征，歉收五成以上不到六成者减征七成，歉收四成以上不到五成者减征五成，歉收二成以上不到四成者，按歉收成数减征。连续受灾 2 年者多减征一成，连续受灾 3 年者多减征二成
1954	按常年应产量以地段定灾，以户为单位综合受灾土地的歉收产量计算歉收成数，按歉收成数减征，分成减免成数与1952年同
1955	歉收一成以上不到四成者，有几成减几成，其他分成减免成数未变。农业生产合作社的灾情减免，可以社为单位综合计算，或按户计算。由社综合计算者，减免成数较以户为单位计算者高半成
1956	农业生产合作社与个体农户的农作物遭受自然灾害时，按常年应产量和受灾土地的实际情况划片定灾，凡灾后实产量低于各该片土地的常年应产量二成以上者，有几成定几成。定灾后以社或户为单位综合计算歉收产量与全社或全户本季常年应产量对比，歉收不到四成者，有几成减几成，其他分成减免成数未变
1957	对农作物普遍或大部受灾或某种作物普遍受灾的社（户），按其预分估产综合计算或分作物按估产综合计算，与常年应产量对比，歉收不到四成者有几成减几成，其他分成减免成数未变。局部土地受灾，估产低于各该地段本季常年应产量二成以上者，有几成定几成，减免成数与上相同。对重灾区翻种、改种的农作物，不论翻种、改种后歉收与否，一般先按秋季常年应产量定灾，早秋作物改种晚秋作物者定灾四成，晚秋作物翻种者定灾二成，按以上规定减免。翻种后又受灾者，再按一般作物受灾减免办法减免

资料来源：《山东省志·财政志》。

　　1950 年利津县 5 个区遭受蝗灾，农业歉收，政府减免公粮
55 481.5 公斤，占应征收数的 12％（《利津县志》）。1953 年 5 月
23 日政务院针对灾情专门颁布了"关于安徽、河南、江苏、山
东、山西等省遭受灾荒地区减免税收办法"。同年 7 月，淄博三
区八陡北寺桥孔堵塞，洪水暴涨，政府为 1 326 户受灾农民减免
了农业税土地 9 142 亩。据统计，当年政府减免灾区农业税
1 326 户，占农业户的 4.2％；减免 9 142 亩土地税，占耕地面积
的 8.5％（《博山区志》）。9 月中国人民银行根据政务院精神又提
出了灾区到期农贷减免缓收处理的具体办法。1955 年济阳大旱，
蝗虫成灾，政府为灾区减免农业税折粮 1 539.7 万公斤（《济阳
县志》）。1957 年的春荒发生后，国家免征日照地区部分粮食
（《日照市志》）。同年莱阳雹灾后，当地政府免征公粮（《莱阳民
政志》）。据统计，1950—1953 年因灾减免农业税额分别是
1.57％、5.79％、2.25％和 15.14％（《山东省志·粮食志》）。
在对税收的各种减免措施中占据很大的比重（图 3-3）。

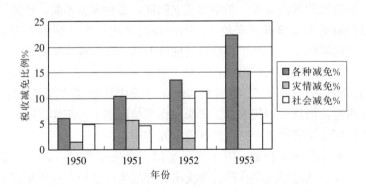

图 3-3　山东省新中国成立初期各类税收减免图
资料来源：《山东省志·粮食志》。

　　（3）发展农业保险。1949 年 11 月，中国人民保险公司山东
分公司成立后，始将防灾当做重要任务，认真贯彻执行"保、防

结合，以防为主"的社会主义保险方针，提出了"保险第一，防灾为先"的口号，各级保险公司都设置了防灾理赔科、室、股、组，专司其职。同时，根据总公司规定，省公司有权在保险收入中提取一定比例的防灾费用，主要用于增强社会防灾力量。这部分款项由省公司统一掌握，安排使用。1949—1958 年，共拨付各地防灾经费折新人民币 76 万元（《山东省志·金融志》）。1951年，山东省开展牲畜保险和棉花保险。由于当年棉田遭受虫、涝灾害，赔款达 853 258 万元（旧币），赔付率为 110%（山东省农业厅农业志办公室，1994）。

3. 以工代赈　"救荒之策，莫善于以工代赈"。以工代赈是古今中外惯用的济贫救灾、进行基本建设、推动经济发展和社会文明进步行之有效的行为。早在春秋时期，齐国的晏子即利用此法并取得良好的效果。以工代赈属于救济的范畴，但又不同于一般单纯救济，其特殊性在于救济与建设的结合与统一，它是救济对象通过参加必要的社会公共工程的建设而获得赈济物或资金的一种特殊的救济方式。新中国成立初期，各种灾害不断，单纯依靠政府的力量很难完全救济，因此政府提出以工代赈的救灾方针。随着国家大中型工程项目的陆续上马，党和政府从政策上采取优先吸收灾民入厂做工的方针，从客观上起到了"以工代赈"的作用，因此在 1952 年国家的救灾方针中去除了"以工代赈"的内容，但这并不代表以工代赈的作用被削弱了。事实证明，以工代赈在国家救济中一直发挥着重要作用。

新中国成立初期，以工代赈是国家救灾工作的一项重要措施，政府通过形式多样的劳务支出，开展生产自救。这些形式主要有：

（1）水利兴修。据水利部 1950 年 4 月 20 日致中央救灾委员会函中的统计，1950 年"全国水利工程事业费共合粮十二亿八千余万斤，计划 73% 用于防洪排水工程……一般地区动员民工皆以灾民为主"（中华人民共和国内务部农村福利司，1958）。

《山东省志·民政志》记载，该年山东受灾地区共组织 86.09 万人，参加黄河修防、导治沭河、兴修水利工程、为国家运粮等，共收入工赈粮 3 807 万公斤。比如，聊城地区的东阿、寿张、范县等县组织灾民修筑黄河大堤，灾民每天得粮 2～2.5 公斤，每50 公斤工资粮中加工具补助粮 1.5 公斤。1954 年，采取以工代赈的办法，调动全区灾民 10 万余人，修复金堤、临黄堤，疏浚徒骇河（《聊城地区志》）。莱阳专区动员 30 万人编草帽辫，4 个月获工资粮 350 万斤（《烟台市志》）。国家从沂水调灾民 1 000人，参加第三期导沭工程，得工资粮 7.5 万公斤（《沂水县志》）。1954 年 7 月莱阳专区风、雹成灾，动员民工 13 100 人，修复河堤，民工获得以工代赈款 3.6 万元（《烟台市志》）。

（2）运输粮食等物资。1951 年德州全区春旱秋涝，并连续遭遇虫、雹灾。全区被涝土地 409.1 万亩，断、缺粮人口达 33万多人。专署通过以工代赈，调各受灾县大车 1 350 辆（平原300 辆，乐陵 100 辆，庆云 100 辆，盐山 500 辆，临邑 100 辆，齐河 100 辆，济阳 50 辆，南皮 100 辆）运输物资，以解决灾民生活困难（《德州地区志》）。沂水县组织灾民为国家运盐，得工资粮 3 万公斤，现款 2 523 万元（旧币）（《沂水县志》）。聊城地区 1951 年组织灾民发展运输业，阳谷县出大车 100 辆、寿张县出大车 110 辆、东阿县出大车 90 辆、聊城县出大车 130 辆，运输的收入用以购粮度荒（《聊城地区志》）。

（3）建设道路、建筑等工程。1950 年淄川组织农民和失业者包修张博公路，工程拨付粮 66 万斤。修建查王水利工程拨付粮 20 万斤。包修工厂、矿山房屋拨付粮 160 万斤。给铁路局砸石子，每天近 600 人参加，平均每人每天得粮 7 斤。龙泉区包运石子，昆仑区给轻金属（五〇一）厂包运红砂约得粮 6 万斤，每人每天少者得 10 斤，多者 20 斤。炼硫黄，获粮 37 万斤（《淄川县志》）。1951 年沂水调灾民 600 人修建沂水专署大院、师范校舍及酒厂工程，6 个月的工期，得粮 2.5 万公斤（《沂水县志》）。据统计，1954 年，组织灾民参加城市建设，收入工赈款 29 万余元。1956 年，山东 9 个城市组织灾民 2 万余人参加打石子、挖沙、修公路等，收入工赈款 40 余万元（《山东省志·民政志》）。

4. 安置灾民，组织移民 灾害发生后，及时妥善安置灾民的生活有利于灾区的稳定。1954 年 8 月，黄河连续出现 10 次洪峰，范县、寿张两县组织民工 1.05 万人抢救被水围困的群众，7 018 人抢收农作物。东平、梁山两县动员民工 2.88 万人，动用牲口 600 余头、船 1 500 只，抢救出被水围困的群众 2.32 万户、10.89 万人（《山东省志·民政志》）。各县对被救灾民的生产生活作了妥善安置。一方面进行救济，及时解决灾民生活问题；一方面领导灾区人民，自力更生，奋发图强，发展生产，重建家园。据内务部灾区视察组 1957 年 9 月上旬的报告，莱阳专区水灾形成后，政府结合灾区民众的实际困难，重点解决住宿、吃饭、穿衣和医疗卫生问题。此外，在供应日用品、稳定物价、社会治安等方面，也做了许多工作（中华人民共和国内务部农村福利司，1958）。

有些灾区因灾害破坏了基本的生产生活条件，如淹没村庄、倒塌房屋、淹没土地，短时期难以恢复，政府会组织灾民暂时迁移到其他地方。比如，1957 年暴雨成灾，临沂地区外迁人口达到 8.7 万人（《临沂地区志》）。新中国成立初期山东省灾区的移民路径主要有"北向流往东北及察、绥，有的西向流往晋、陕，有的南向流往江南，有的则流向铁道沿线或城市"（中央救灾委员会，1950）。概括而言，大致有省内、省外两种。

（1）省内移民。1950—1951 年，从东平、平阴、长清 3 县沿黄蓄洪、泄洪区迁移 1.47 万人到垦利、沾化县安家生产《山东省志·民政志》。1957 年，济宁专区遭大水灾。灾后，设立界河、滕县、邹县、薛城、兖州等 5 个转运站，共收容、转运重灾民 13.53 万人，其中，邹县、滕县、峄县、滋阳、泗

水、曲阜 6 县 4.87 万人；移往聊城、惠民、昌潍、泰安专区
8.66 万人，就地疏散安置 211.47 万名灾情稍轻的灾民（《济宁市志》）。

（2）省外移民。主要是移往东北地区。1955—1960 年，从
沿黄河的分洪和河床区、常年积水灾区、贫瘠山区和建设征用土
地较多的地区，移民到黑龙江等省安置生产。1966 年 5 月 19 日
《省长办公会议纪要》载："山东省自 1955—1960 年，支边、垦
荒、水库移民共移入东北三省的有 104 万人，到 1965 年先后返
回约 60 万人。"（《山东省志·民政志》）

对于灾民的自发迁移，因担心其发生疫病和死亡，耽误原地
生产，引发社会动荡，因此一般会加以劝阻。内务部从 1949 年
12 月到 1951 年 6 月，先后发出 5 次处理灾民逃荒问题的指示。
1949 年 12 月 9 日的指示中要求："灾区主要是发动群众生产自
救，并结合以工代赈，使灾民就地得以安置，同时并劝告灾民不
要外逃。"（中华人民共和国内务部农村福利司，1958）对已逃至
各地的灾民，要商定一方接、一方送的办法，使及时返乡，不误
春耕。""若原籍积水仍不能从事生产者，亦须输送就近有荒可垦
地区进行生产，或从开展社会互济中予以安置。"[1] 山东作为重
灾区和交通便利区，灾民外逃的十分频繁，毗邻的河南省、平原
省[2]专门设劝阻委员会，平原省"民政厅副厅长率领干部五十余
人抵阜阳，去接逃往皖北的灾民，经十多天工夫，全部接回"
（中央救灾委员会，1950）。1953 年不少地区又出现大量农民、
灾民盲目外流现象，山东、安徽、河北、江苏等 8 省大约有 14
万人，灾民占 1/4。与以往不同的是，这次流民潮的主要移动方

---

[1] 1951 年 3 月 21 日代电。这一办法在 1955 年内务部《关于处理灾民、农民
外流问题的指示》中再次提出。见中华人民共和国内务部办公厅（1957）。

[2] 旧省名，辖新乡、安阳、湖西、菏泽、聊城、濮阳等 6 专区。1952 年 11 月
15 日平原省建制撤销，将新乡、安阳、濮阳 3 专区划归河南省；菏泽、聊城、湖西 3
专区划归山东省。

向是城市。山东省政府对这一现象特别重视，"曾三次派人到东北的沈阳、鞍山、辽西等地去接；跑到山西、陕西、河北的，也都派人接回"。

5. 开展社会互助　单纯的政府救济不能及时应对灾害带来的破坏，必须依靠群众、依靠集体，动员全民节约，群众互助互济，共同度过灾荒。政务院在 1949 年 12 月《关于生产救灾的指示》中，号召灾区"开展节约互助运动"；非灾区人民也应厉行节约，"发扬互助友爱精神，帮助灾区"。山东省积极响应中央号召，开展了形式多样的社会互助救灾活动，主要有：节约度荒、自由借贷、互助生产等形式。

（1）节约捐输。节约度荒以"一两米救灾节约救灾运动"为代表，首先开展于中央和地方的机关、部队。1950 年，山东省"在部分农村中也开展了'一碗米'、'一把米'运动。至 1950 年 6 月，在济南、青岛、徐州、潍坊等城市，共捐献粮食四十九万百千多斤，人民币十七亿九千七百二十八万元；鲁中南、渤海、胶东等地农村共捐献粮食一千二百六十一万斤，人民币六千二百二十一万元"（中华人民共和国内务部农村福利司，1958）。如，山东省各直属机关、部队，徐州市、济南市及鲁中南地区 3 个月节约捐助粮 6 万斤、款 3 亿元（华东生产救灾委员会，1951）。寿光县（不含寿南县）机关干部，每人每天节约 1 两粮，积干菜 371 公斤，支援灾区（《寿光民政志》）。各地还积极对灾区进行捐赠，如莱阳专区山洪灾害发生后，该专区的"非灾区纷纷以区为单位，组织了百余人或几十人的慰问团，带着衣物和吃粮到灾区去慰问。""莱西县十六区农民三天送往灾区干粮八千余斤；十七区岚西乡群众带了三百斤干粮，浮水到会河乡送给灾民"（中华人民共和国内务部农村福利司，1958）。据《大众日报》1950 年 2 月 27 日报道，1950 年鲁中南地区捐献粮食 1 万斤，瓜干 1.3 万斤，干菜 2 600 斤，软枣 116 斤；全区节约捐款 7 046 200 元，粗粮 154 380 斤，麦粮 12 230 斤，柴草 252 390 斤，单衣

302 件，被单 36 床。

　　淄博市博山区 1957 年 9 月 6 日至月底，全区有 186 个厂矿、企事业单位，66 个街道居民委员会，共捐款 42 177 元，衣物 5 622件。当地并专门颁布了《关于办理捐献运动支援灾区的通知》，成立了"博山区支援灾区捐献委员会"（《博山区志》），高青县捐献杂粮 6.5 万公斤（其中小麦 6 532 公斤），代食品、干果 1.7 万公斤，被服多件（《高青县志》）。莱阳专区水灾后。1949—1968 年，莱阳专署全区人民为灾区捐粮 643.7 万公斤，款 7 875.4 万元，干菜 2 649.9 万公斤，鲜菜 1 568.65 万公斤，衣物 10.9 万件，棉花 3.5 万公斤（《烟台民政志》）。如此事例难以枚举。仅据 1950 年、1951 年、1953 年、1957 年、1962 年、1964 年、1971 年、1972 年、1973 年、1974 年、1979 年、1980 年、1983 年、1985 年 14 年不完全统计，共为灾区互助互济粮食 1.085 9 亿公斤，款 353 万余元，衣被 149.6 万件，棉絮 1 068 万公斤，干菜 1.08 亿公斤，化肥 2.75 万公斤，煤 300 吨，石灰 8.6 万吨，地瓜苗 2.1 亿棵（《山东省志·民政志》）。

　　山东省各地还向外省灾区积极捐赠。1950 年 10 月 17 日，青岛市生产救灾委员会在本地区灾情严重的情形下，仍发动全市为皖北灾民捐赠棉衣 70 236 套，支援灾区（《青岛市志》）。

　　（2）自由借贷。开展自由借贷也是新中国成立初一种群众互助互济、解决度荒困难的救济形式。1949 年全国多数地区尚未建立农村信用合作组织，自由借贷对于活跃农村经济、帮助灾民恢复生产有一定积极意义，"广泛而正确的开展灾区农村借贷是度荒的重要办法"。1950 年 4 月 10 日内务部发出"关于提倡借贷工作的指示"，据山东省 1950 年 6 月 3 日生产救灾专题报告记载，山东省鲁中南 1950 年 1 至 4 月份，即借出 2 300 余万斤粮食（中华人民共和国内务部农村福利司，1958）。在借贷过程中，有的地区总结出一些比较好的借贷形式，如合作借贷，即通过合作社吸收游资，再贷给群众解决生产资金和口粮问题。1950 年 4 月山东掖县 108 处合作社建立了信贷所，吸收存款 5 000 余万元，贷出 4 000 余万元（华东生产救灾委员会，1951）。除了现金，各地还借贷粮食支持生产。1952 年，沂源县发生大面积严重虫灾，致使农民断粮 6 751 户，占全县农户的 11％。县委、县府发动群众互借互济粮食 19.15 万公斤，紧急度荒（《沂源县志》）。1951 年春夏干旱，沂水群众互助互济度灾荒，互借粮食 7 万公斤，现金 12 万元。1957 年水灾后，仅 8 个区的统计，群众间互借粮食 2.3 万公斤，干菜 11.3 万公斤，款 41 730 元，衣物 2 129 件（《沂水县志》）。

表 3-3　1950 年寿光 8 个区借粮情况

单位：市斤

	城关	临湖	田柳	上口	南丰	泊东	望海	侯镇	合计
麦粮				508	331	956			1 795
秋粮	2 400	15 034	2 712	52 072	10 919		12 290	34 774	130 201
共计	2 400	15 034	2 712	52 580	11 250	956	12 290	34 774	131 996

资料来源：寿光民政志。

（3）互助生产。通过互相帮助来尽快恢复生产，渡过难关，这在新中国成立初也常见到。《山东省志·民政志》记载，1957年，菏泽县的非灾区群众主动借出房屋 1 500 余间，安置灾民 8 000 余人。临沂专区 800 多处非灾农业社的群众，出工献料，自带口粮，帮助受灾群众修复房屋 2.8 万间。寿张县非灾区农业社，为河床区受灾社代养牲畜 1 000 余头。据统计，1949—1959年 10 年间，寿光县社会互济粮 55 655 公斤，互借粮 75 900 公斤，互相救济衣物 83 535 件（《寿光民政志》）。为了便于开展互助工作，一些地区还成立了互助组，如高青县 1953 年，全县大部分农村遭涝灾，县政府派出工作队下乡救灾，组织副业生产互

第三章　新中国成立初期（1949—1957）的农业救灾

助组 1 356 个，发展织布、柳编、造毛头纸、熬硝等副业生产，组织社会互济 452 户，插伙组 30 个，有 2 316 户解决了生活困难（《高青县志》）。互助合作组织在灾害救济中作用很大，莱阳专署曾规定，在互助合作组织比较发展的地区，发放救济款应当尽可能依靠互助合作组织，使救济款更大地发挥支持生产的作用（《烟台民政志》）。

（4）吸取传统经验。山东作为历史时期灾情严重的地区，在抗击灾荒问题上积累了丰富的经验。这些经验的借鉴有利于减轻救灾的成本，提高救灾效率。据山东省民政厅 1950 年 4 月下旬内务部的电话汇报，山东省"滕县专区遭灾后，各县县委书记、县长均下灾区访问老农，听到有的老农说：'三十三年前曾发生过同样的霜灾，那年受冻最厉害的麦子，后来发了芽，每亩尚可收二三十斤。'临沂专区老农反映说：'十九年前有一次麦子莠丁穗，被雹子打平了，后来发了芽，每亩尚可收三四十斤。'灾区老农普遍的经验是：'锄麦、浇麦、施追肥是使麦苗复活的可靠办法。'"各级政府对这些经验高度重视，劝告灾民不要轻易放弃受冻的小麦，开展了一场浇水保苗运动。1950 年 5 月 22 日山东省生产救灾工作简报中总结道："滕县专区各县、区、乡干部都深入到村，发动群众进行浇水、锄麦、追肥。凫山、邹县两县打井二百里六十眼，贷水车一千零五十三部，全专区浇麦二百余万亩，其中有的浇两编甚至四编；锄麦一百零九亩，追肥豆饼六十六万斤、化学肥料三十四万斤。"（中华人民共和国内务部农村福利司，1958）1953 年冻涝灾害之后，凫山县也是通过吸取老农的经验来救治受冻的小麦。

（5）建立义仓制度。我国有着完善的仓储制度发展历史，各种形式仓储的建立能有效的储备粮食，减轻灾荒时期因粮食缺乏造成的恶果。创建于隋代的义仓就是其中的一种。历史时期山东的义仓比较发达，如民国时期莱芜地区就创办过 8 个义仓。但新中国成立后较少使用。

• 99 •

1950 年，为了防灾备荒，昌潍专区首次举办了义仓，发动群众募集粮食 315 万公斤，后将粮食转入信贷社保管。1953 年，全区 14 县有 46 个区办义仓，共征集秋粮 82 万公斤，县、区、乡（镇）、村四级均成立了义仓委员会，征集的标准一般为公粮征购标准的 2%～5%。1956 年秋，全区 14 县普受水灾，动支义仓粮 3.45 万公斤。1957 年 7 月，遭受大水灾，又动支义仓粮 2.6 万公斤，帮助灾民度过了难关。此后，义仓停办（《潍坊市志》）。

6. 派遣医疗队，医治疫病 灾荒与疫病往往是结伴而生的。如 1949 年龙口遭遇风、旱、水灾，引发 64 个村疫症流行（《龙口县志》）。沂源县，1949 年全县遭受风雹和水灾，加之疫病蔓延，有 2.1 万人断粮讨饭（《沂源县志》）。这引起了政府的高度重视，从 1950 年上半年开始卫生部即决定把灾区防疫作为工作重心之一，并开办灾区防疫训练班，并派出四个防疫大队 400 余人，分赴黄泛区、平原、皖北、苏北等灾区，《人民日报》1950 年 6 月 6 日统计这些人员合计"种痘 96 909 人，打预防针 12 326 人，疾病治疗 11 401 人，水井消毒 332 次。"除了中央派出外，各地还自己组织医疗队。枣庄地区各县在 1949 年灾荒发生时，分别组织医疗小组，对患病灾民进行医疗抢救（《枣庄市志》）。东明县 1950 年全县发生白喉流行，死亡 1 009 人。县委、县政府组织了医疗队深入疫区进行防治，很快扑灭了疫情，还拨款 2 530 万元（旧币），拨粮 7 500 公斤，救济疫区人民（《东明县志》）。

7. 组织军队参与救灾 军队参与抢险救灾是各国军队的一项重要任务。"军事力量在处理灾害中的作用，在世界各地的许多国家都早已得到承认"（卡特，1993）。在我国历次抗灾斗争中都可以看到军队的巨大力量。概括地说，军队参与救灾主要有两种形式：一是直接参与救灾活动，二是参与捐款捐物活动。

（1）直接参与救灾。1957 年水灾发生后，临沂驻军出动 1 个团，济南、南京军区派来汽艇、拖轮 6 艘，支援临沂灾民。（《临沂地区志》）派出 1 650 名部队官兵，10 架飞机，360 条船只，29 辆水陆两用汽车，万余套救生圈，支援济宁抢险（《济宁市志》）。

（2）捐款捐物。1949 年枣庄灾后，部队捐款捐粮支援灾区。当地驻军四纵队捐助粮食 1 286 斤、柴 6 400 斤、北海币 421 万元、骡马 42 头（《枣庄市志》）。捐赠的对象不仅仅是本省灾民，也有外省。1950 年 10 月莱阳县召开各界人民代表会议，部署捐献寒衣工作，支援皖北灾区（《莱阳民政志》）。1952 年 12 月，青岛驻军开展支援皖北灾胞捐献活动，共捐助粮食 2.18 万斤，款 1 940.1 万元，衣服 1.45 万件，毛巾 2 329 条，鞋、袜 1 644 双，棉被、毯子等物品一宗（《青岛市志》）。

三、农业救灾的成效

新中国成立初期，频发的灾害既有自然因素，同样也是战争造成的后果。常年的战争造成大量水利工程荒废，"河道年久失修，他们（国民党）在溃退时又疯狂地加以破坏"（中华人民共和国内务部农村福利司，1958）。农业经济受到严重摧残。据统计，1949 年全国耕畜减少了 16%，重要农具减少了 30%，粮食、棉花分别下降到战前的 74.6%、52%。从总体上看，农业生产能力大约减少了 25%，而物价自 1937 年 8 月至 1949 年却上升了 600 万倍（中国国际贸易促进委员会，1952）。

山东省作为老解放区，为支援支前任务，军费开支很大，造成新中国成立初的财政经济十分困难。1949 年末全省人口为 4 549 万，社会总产值 32.23 亿元，国民收入 18.57 亿元，农业总产值 20.07 亿元。全省耕地面积为 13 091.9 万亩，全省人均 2.88 亩，其中，农业人口人均 3.05 亩。1949 年全年粮食产量为

870万吨，比战前的1936年下降了18.7%。粮食每亩单产仅78公斤，人均占有粮食仅191公斤，人民生活贫困。落后的经济现实严重降低了人民抵御灾荒的能力。此外，新中国成立初还面临的一个特殊情况是，军费开支在财政中占据很大的比重，1949年占50%以上，1950年仍占41.1%。这使得完全依靠国家救济是不可能的，必须进行生产自救。

面对新中国成立初期灾情频发，落后的经济难以支撑其救灾全局的复杂情形，中央和山东省政府针对实际情况，依靠群众，采取了灵活多样的救灾方式。康沛竹（2005）认为，20世纪50年代的救灾呈现如下特点：实行中央统一决策、部门分工实施的领导体制；以地方政府为主，按行政区域采取统一的组织指挥；充分发挥人民解放军的作用；发动灾区干部群众自力更生、生产自救、互助互济；广泛动员社会力量支援灾区。通过前文不难发现，这些特点在山东省体现的比较明显。

这些灾害救济制度由于适应了当时的实际情况，故而效果明显，有力地促进了山东国民经济的恢复与发展。1949—1957年山东省的救灾成就如下。

（一）加强了防汛抗旱工程的建设

连年的战争造成大批水利工程废弃，当时的国民党政府根本无暇修整，反而时常借助水势来发动军事攻势，《人民日报》1951年1月15日云："黄河以南，遭受蒋匪的蹂躏，连续数年。初则放水归故，继则以飞机炸堤。"因此重建水利工程成为重中之重。各级政府通过以工代赈等措施，以生产救灾为中心，全省动员70余万人，完成了黄河春修工程、疏导沭河第三期工程，还有临黄复堤、北运河复堤等项工程，并修治了宣惠河、徒骇河、双山河、淄阳河、白浪河、泗河、紫文河等为害较重的河流。据统计，1949年山东拨出12 000万斤粮款进行水利与治黄工程（董必武，1950）。据统计，1950年，全省有水井160万眼，比 1949 年增加 80%。1950—1952 年，全省累计完成土方 2.3 亿立方米，石方 587 万立方米，投资 7 270 万元（逄振镐、江奔东，1998）。三年中共挖山泉 38 500 个，修蓄水池 41 000 个（吕景琳、申春生，1999）。各地在水利建设方面均取得了很大的成就：从 1949 年冬至 1950 年春，山东为治理黄河拨款 1.4 亿余元，动员民工 70 万人等（华东生产救灾委员会，1951 年）。全省有效灌溉面积达到 1 157 万亩，8 年平均每年增加 98 万亩，完成国家水利投资 2.39 亿元，占 1949—1990 总投资的 3.36%。

山东、苏北两地进行的导沂整沭工程全部完成后，"可使鲁中南沿沭河诸县之 600 万亩土地免除水患，并减轻了沂、泗两河水量，便于分治两河，而使鲁中南、苏北两区 12 个县 400 万人民、千余万亩土地全部免除水患，同时可使沙河下游之十余万亩瘠地利用沭水灌溉而成良田"（《大众日报》，1950 年 3 月 26 日）。潍坊地区在 1950—1953 年，通过以工代赈打井 249 089 眼，开渠 17 条，完成修河工程 2 300 万土方、30 万石方，使潍河、弥河、白浪河排洪、防洪得以基本解决。1956 年，修建沟洫畦田 10 万亩，使 54% 的涝洼地免受水灾（《潍坊市志》）。1950 年国家把黄河修堤重点工程安排给济南槐荫区灾区，当地开石 17 900 立方米，得工粮 116 350 公斤，出工 7 000 个，得工粮 39.25 万公斤（《槐荫区志》）。

（二）增加了灾民的收入

灾民通过参加生产救灾活动获得了生活所需要的钱物。如菏泽县 1949 年组织灾民搞运输得工资 57 312 元（旧币），加工棉花得工资 25 003 元，复堤得工资 217 450 元，加工粉条得工资 700 元（《菏泽地区志》）。灾区的副业和手工业者通过当地合作社用实物进行交换，获得收入。1950 年，山东省开展起来的副业有 100 多种，全省参加副业生产的灾民约有 800 万人（中华人民共和国内务部农村福利司，1958）。山东省 1950 年 6 月 30 日关于开展副业、手工业生产的报告中指出山东省供销社收购和灾民自销的副业收入"共折粮食五亿至六亿斤"（中华人民共和国内务部农村福利司，1958）。鲁中南地区生副业生产使全区供销社仅通过组织灾民运盐一项，即可赚 551 940 斤，参加人员 5 309 人，人均获粮 103 斤。1953 年，广饶县三、四、五、十一区发生涝灾，政府组织群众搞好粮食生产及副业增收，增加收入 217 万元（《广饶县志》）。聊城地区 1954 年水灾后通过发展副业，黄河河床区 60% 的村庄获利 15 万元。阳谷、冠县、范县等 7 个灾县两个月仅运输收入即达 300 万元（《聊城市志》）。济宁 1957 年水灾后发展副业生产达到 2 170 万元（《济宁市志》）。日照政府协助灾民推销蒲包 3.6 万个、芦席 1 万余领、蓑衣 1.5 万件、蒲扇 3 000 余把、草鞋 6 000 余双及其他手工产品，共收入 100 万元（《日照市志》）。有的农副产品还出口，为国家换取了外汇，《人民日报》1950 年 7 月 3 日记载，山东省 1950 年 1 月至 5 月中旬，出口土特产品和农副产品共换取外汇 3 387 928.93 美元。

（三）解决了生活困难

从实践上看，国家的灾害救济方式是有效的，大多灾民的生活困难获得解决，有效地缓解了灾民的生活。《大众日报》1950 年 2 月 27 日统计，该年沂蒙区灾重县莒沂马站区 11 个村，原灾民 252 户，经一个月开展副业，解决了 135 户灾民的生活困难。高青县 2 316 户解决了生活困难（《高青县志》）。1952 年昌潍地区通过多种生产自救方式解决了 263 670 人的生活困难。比如重灾区昌邑县二区杨埠乡 150 人、益都县 92 人、官庄 1 900 人都通过生产自救解决了生活困难（《潍坊市志》）。1955 年政府拨出 71 175 元救济款，帮助 11 718 户、41 364 人解决了住房与生活困难（《广饶县志》）。由于政府组织得力，灾民不但解决了口粮问题，而且还有能力购买生产资料。如山东渤海区广饶县六区原来是重灾区，经过发展副业生产，到 1950 年添购牲口 380 头，大车 35 辆（华东生产救灾委员会，1951）。据统计，新中国成立初通过各种救灾活动，解决 2 735 万人的口粮问题，年均 341.88 万人（图 3-4）。

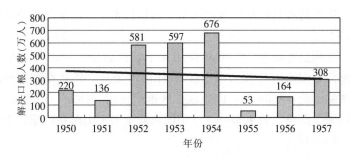

图 3-4　新中国成立初期山东省救灾解决口粮人数变化图

资料来源：《山东省志·粮食志》。

（四）加强了农业技术装备

新中国成立前的山东的农业生产是典型的传统农业生产，人、畜、机动力的比值在 1949 年基本维系在 1∶0.98∶0.003（人力为 1）。新中国成立后，政府为了促进经济发展和抗灾救灾能力，发展机械化生产，至 1952 年变为 1∶1.1∶0.08，1957 年三者比率变为 1∶1∶0.03，机械动力 4.34 万千瓦，占农业动力的 1.5%。机耕面积由 1952 年的 5.8 万亩，升至 1957 年的 262.6 万亩，占总耕地面积由 0.04%，升至 1.91%。

山东各地农村在推广深耕、冬耕的同时，推广优良品种。省政府成立"山东省粮种普及委员会"（1950 年成立"山东省种子农药公司"；1951 年更名为"山东省人民政府种子管理局"），各县及绝大部分地区、乡均建立了选种委员会，共选出小麦、玉米、高粱、地瓜、大豆等抗旱耐涝作物 485 个，推广美棉种子斯字 2B、斯字 5A、岱字 15 号等 400 万磅，成为 50 年代主要农业品种（《中国农业全书·山东卷》编辑委员会，1994）。5 年内全省每年平均冬耕面积占宜耕地的 78.3%；良种播种面积的比重由 1952 年的 16.4% 上升为 1957 年的 67%；施肥量 1956 年比 1952 年增加了 19.8%。5 年内，全省共推广新式农具 34.4 万部，使农村农具恢复到战前水平。栽培技术上，逐步向精耕细作方向发展。

在病虫害防治上，开始使用化学农药防治。1950 年，华东农林部分配给山东 50% 可湿性 DDT1450 公斤，供秋作物拌种防治蝼蛄示范；1954 年，山东在棉区推广使用"1605"防治棉蚜、红蜘蛛、蓟马，效果很好（《中国农业全书·山东卷》编辑委员会，1994）。

（五）稳定了社会秩序

新中国成立初，我国面临的形势是异常紧张的。国家经济尚未恢复，国内外敌对势力对新中国的仇视始终存在，"匪特分子与少数不法地主，复趁机制造谣言，胁迫群众，组织暴乱，抢分公粮，烧毁公仓，袭击政府机关，杀害人民团体工作人员，破坏生产，制造混乱"（中国社会科学院、中央档案馆，1990）。"有些富农乘机活动，拉拢落后中农，低价雇短工。有些参加了互助组的中农怕困难户向他们借钱借粮，又看到许多灾民做短工，认为忙时雇短工比较合算，因此首先愿意散伙单干"（曹云升，1954）。国家的压力仍旧存在。通过积极有效的抗灾救灾活动，协助灾民尽快地恢复了生产。《人民日报》1950 年 4 月 9 日记载，截至 1950 年 4 月，"各地灾荒停止发展"。

更重要的是，在政治上，通过救荒能够安定社会秩序。比如面对灾荒造成的大量灾民流动，如果任其无序发展，极易造成灾民心理恐慌，也会滋生各种疫病，更会给敌对势力以可乘之机，故各地还积极安排灾民。如 1957 年 8 月，济宁地区因发生特大水灾，迁来昌潍专区灾民 2 万人，其中安丘县安置 2 415 人，寿光县安置 2 227 人，益都县安置 2 877 人，其余分别安置在临朐、昌乐、潍县、昌邑、潍坊等县（市）。各县（市）对这些灾民在衣、食、住、行和生产上都作了妥善安排。灾后，随着生产的恢复，于 1958 年 3 月分两批返回原籍。诸如此类的灾民如果不得到积极的救济，极易成为社会的隐患。再如救灾过程中各级组织积极地配合，有效地加深了政府和人民之间的感情。山东省灾后经常是政府的主席、副主席领队到灾区视察，如 1950 年 4 月，省救灾委员会组织了 84 人的视察团，由省人民政府副主席率领，前往鲁中南、胶东等地巡视灾区工作。灾害发生时，各级领导也是前赴后继，如 1950 年黄河的防汛抢险斗争中，沿河各县的书记、县长到区干部，一律亲自上堤，在紧张的时候，地委书记、专员也都上堤。"干部、群众、战士、学生共计二十余万人，组成一道活的地方"（中华人民共和国内务部农村福利司，1958）。对灾区人民鼓舞很大。

救灾工作的进行是否顺利意义至关重要。救灾在当时成为严重的政治任务。"生产救灾是关系到几百万人的生死问题，是新民主主义政权在灾区巩固存在的问题，是开展……大生产运动，建设新中国的关键问题之一"（中华人民共和国内务部农村福利司，1958）。《人民日报》1949 年 7 月 2 日《河南农村一月 领导生产救灾渡过春荒团结广大农民肃清土匪》的报道指出，当时的中共中央中原局在分析了事态的严重性后曾指出："救荒是孤立敌人，开展群众性的剿匪和政治攻势的重要环节。"正如田纪云在中国"国际减灾十年"委员会成立大会上指出："新中国成立初期党和政府通过采取积极有效的措施，使生产救灾工作取得了很大成绩，灾情得到遏制并趋于缓和，击破了蒋匪敌特制造的各种谣言，巩固了新生的人民政权。"（李德金，1989）

（六）革新了传统社会的救灾方式

传统社会众多救灾模式值得当代社会借鉴，比如夏明方（2006）认为："清朝从报灾、勘灾到赈灾、善后有一套完备的程序，这实际上是我们现在很多的地方政府都难以做到的。因为中央没有明文规定，往往是灾害来了，大家才反应。"因此，许多西方学者把 18 世纪的中国称为" 福利国家"，认为这是当时其他西方国家不可比拟的。但是，这些模式并不是完全能够照搬的。因此，新中国成立后，改革了许多旧的模式，比如改造旧的慈善机构 419 所，调整 1 600 多个；虽然允许民间自由借贷，但坚决摒弃传统的具有高利贷性质的民间借贷和典当业。最重要的是，义仓这一储粮备荒的救灾形式随着国家粮食政策的转变而逐渐被放弃（宋士云，2006）。前文所介绍的潍坊市的案例也说明这一问题。在全国民政工作第三次会议上，国家规定："在处理义仓上：义仓不再推行，已经是确定了的。在互助合作运动迅速发展、农民防灾备荒力量增强的情况下，更不需要举办义仓。现有的粮食，应该根据国家粮食政策，卖给国家统一掌握。"①

（七）积累了丰富的经验

新中国建立肇始，各种经验、人才都比较缺乏。虽然我国有着丰富的救灾史，积累了荒政上的众多经验。但如何应用于社会主义建设，仍值得不断地探索。所以有学者认为，新中国成立初期的灾荒既考验了人，也锻炼了人，在经济和信息不发达的情况下，积累了丰富的抗灾经验，救灾体系日趋完善（温艳，2004）。

总体而言，新中国成立初期救灾工作较好地处理了效率与公

---

① 该条资料参见《第三次全国民政工作会议文件》，湖北省档案馆，SZ67－1－334.

平的关系，适应了基本国情，"中国的救灾救济工作从一开始就强调生产自救，而不是单纯的救济"（崔乃夫，1994）。宋士云（2006）认为，生产自救、以工代赈等救灾方式本身就是国民经济与社会保障制度协调发展的很好例证。因为它们既解决了灾民的生活困难，体现了社会公平，又促进了国家经济建设的发展，体现了经济效益。事实证明，救灾的顺利进行的确为新中国经济的恢复做出了重大贡献。至1952年农业生产的恢复任务基本完成。农业总产值、粮棉油等主要农产品均超过战前1931—1936年的平均水平，1952年与战前生产水平相比，粮食总产增长12.1％，棉花总产增长96.5％，花生总产增长29％。农民生活水平普遍提高，44％的贫农达到土地改革前一般中农的生活水平。与1949年相比，农业总产值增长73.3％，年平均递增20.1％，粮食总产增长37.8％，棉花总产增长1倍多（《山东省志·农业志》）。到1956年，粮食总总产量更是达到1 372.5万吨，比1949年增长57.8％；棉花总产量达到21.7万吨，增长1.68倍；花生总产量达到128.3万吨，增长1.37倍。粮食播亩单产81公斤，比1949年增加28公斤，增长52％；棉花单产18公斤，增加6公斤，增长50％；油料亩产110公斤，增加32公斤，增长41％。农业生产的发展提高了抗灾救灾能力，为灾害救济提供了丰富的储备，1957年虽然有特大自然灾害的发生，但工农业仍然保持了一个较快的发展速度。

四、新中国成立初灾害救济中存在的问题

新中国成立初年的救灾虽然取得了巨大的成效，但在各种救灾制度推行的过程中也暴露了不少问题。温艳（2004）指出，这些问题主要集中在：党和政府把注意力过多地集中于救灾，忽视了对防灾、避灾的理性探索；在救灾过程中由于灾害造成粮食减产，政府大力提倡开垦荒地，致使毁林开荒的事件时有发生。而植树造林主要是速成林，解决烧柴问题，生态林比例很小。蒋积

伟（2008）认为，新中国成立初期救灾存在如下缺陷：救灾款的发放使用与国家的财政状况不相适应；资金缺乏导致一些简单的再生产难以恢复，有限的救灾资金不能发挥最大的经济效益；救灾体系单纯依赖行政手段。逐级上报灾情，逐级下达救灾款物，周期很长，有限的救灾款不能及时送达最困难的灾区；救灾工作缺少总体规划和宏观设计，各有关部门没有形成救灾的有机整体，救灾理论、救灾组织、救灾装备一直处于滞后状态。宋士云（2006）则指出，限于国家经济水平，此时的救灾具有"救急"、"救火"的性质，临时救济性和非正式制度化特征较为明显。其他的问题，内务部1950年6月8日《关于继续防备灾荒的指示》中认为灾民流往中的无组织无领导、各部门间缺乏协调等也都影响救灾工作的顺利进行（中华人民共和国内务部办公厅，1957）。陈冬生（2005）总结赈济粮发放过程中存在如下问题：村干部夸大灾情、发放不及时、分配不合理、出现贪污多占现象。

山东省在救灾的过程中也暴露出不少问题，比如兴建的水利事业主要以小型水库、水井为主，一些为患较重的河流因财力、物力所限而未得到根治，灌溉面积只占耕地面积的8.4%。因此，农业抗御灾害的能力还很薄弱，生产不够稳定。"一五"期间，在自然灾害影响下，农业出现了"两丰、两灾、一平"的局面。1953年和1957年，农业生产都因灾害而减产，粮食产量分别比1952年减少12.5%和6.2%，特别是1957年全省农田受灾面积达到7 219万亩，占耕地面积52%，农业产值比上一年减少11.8%，工农业总产值比上一年减少5.3%。"一五"期间，由于天灾，农业总产值年均增长0.6%，只有全国年均增长率的16.7%。因此，不断改善农业生产条件，增强抵御灾害的能力，是山东农业生产的一个长期任务（吕景琳、申春生，1999）。

其次，救灾过程中部分干部方法不当，从而导致救济粮不按时发放，出现断炊、饿死人现象。如海阳县在 1950 年 4 月由生产救灾委员会颁布的"催发救济粮"的通知指示："海阳灾情虽停止发展和下降，竟有的区村发生饿死人的严重事件。不容有丝毫麻痹。救济粮发放，要如数放到灾情者手里，解决生产生活之用。"（《海阳民政志》）说明当时可能存在救济粮不能按时、按量发放到灾民手中的情况。在同年的 1 月 1 日至 2 月 20 日，寿光饿死灾民 2 人，并出现卖子餐女事件，发生了强迫大借粮，灾民的情绪产生较大波动（《寿光民政志》）。当地的湖东、临河和茅坨三乡提出了"不征收完了不发放救济粮"的口号，因此，救灾粮虽然到村，但都没有及时发放到确实无粮吃的困难户（新华时事丛刊社，1950）。1954 年 12 月末，莱阳专署因莱西县（1983 年划青岛）一贫困户断炊自杀而向全区发出了"加强生产救灾工作领导，制止因灾自杀事件发生"的通报。对救灾工作做了重新的强调，其中规定："凡区乡干部不了解情况或了解情况而熟视无睹以致发生因灾死亡等不幸事件者，由区（长）、乡（长）负责；凡因区、乡无力解决已报请上级解决而上级组织迟迟不决致发生不幸事故者，由上级机关负责。"（《烟台民政志》）

　　一些干部中还存在自满麻痹的倾向，对灾情的严重性与普遍性认识不足。如寿光县委对一些地区，如城关、南丰、田柳、侯镇及上口等 5 个区的灾情了解不足，认为是"灾情差"或"非灾区"；仅看到泊东区合作社在生产救灾中取得的成就，而没有看到"这些副业的发动尚有什么困难、怎样解决等"。实际上，当时该区还有无粮食吃的 681 户，27 724 人，共缺粮 60 余万斤。对副业的发动也存在"眼高手低"的情形。还有一些干部对生产自救缺乏信心，存在着单纯救济与恩赐的观点，"光依靠上级想办法，埋怨上级发的救灾粮少"。坐待救济而不开展积极的救灾。各级政府机构在组织、步调上缺乏协调。"公安则强调冬防，粮局强调征收，财政强调税收，人武强调整理民兵、练武，实业科强调挖河"，大大延缓了救灾的效率。此外，救灾中赈济粮也存在不少问题，如没有真正面向困难户、凭感情用事等问题。救灾过程还存在会议多、党委集体领导不够等现象（新华时事丛刊社，1950）。这些问题虽然是寿光地区的个案，但其他地区也应该存在。

第四章

人民公社时期（1958—1978）的
农业救灾

一、1958—1978 年农业灾害概况

1958 年党的总路线提出后，为适应工业跃进的形势，中共中央提出合并农业社的指示。8 月的北戴河会议正式发出大办人民公社的指示。9 月 22 日《大众日报》报道：山东广大农村在不到一个月的时间里即实现了人民公社化。全省由 51 776 个农业社合并，建成 1 556 处人民公社，加入公社的有 1 141.99 万户，近 5 000 万人，占全省总农户的 98.1%。公社的规模，平原地区一般在 7 000～8 000 户，部分公社高达万户以上，山区和丘陵地区 4 000～5 000 户（吕景琳、申春生，1999；《山东省志·农业志》）。山东由此进入人民公社时期。这一时期对中国当代经济史而言，是一个特殊的时期，特别是因 1959—1961 年"三年灾害"的存在而引起国内外学者的广泛争论，讨论的焦点主要集中在饥荒产生的原因、死亡人口等情况上（Lin and Yang，2000；Yao，1999；Chang and Wen，1997 等）。1958—1978 年经历了大跃进、"二五"、"三五"、"四五"、十年"文革"等重要的时期，农业灾害的统计与救济受到了很大的政治影响，特别是灾害的统计数据在"文革"初期的 1967—1969 等年份上存在缺失。1958—1978 年山东省的灾害情况如表 4-1。

表 4-1　1958—1978 年山东省主要灾害情况

单位：万亩

年份	合计			洪涝			旱灾			风雹灾			低温		
	受灾	成灾	绝收	受灾	成灾	绝收	受灾	成灾	绝收	受灾	成灾	绝收	受灾	成灾	绝收
1958	5 663	2 219	0	548	219	0	5 100	2 000	0	15	0	0	2 267	537	0
1959	9 411	3 487	0	120	87	0	7 300	3 400	0	290	0	0	200	0	0
1960	12 857	6 236	0	2 337	921	0	8 000	4 000	0	490	305	0	0	0	0
1961	12 358	5 211	0	2 672	2 140	0	9 000	2 618	0	159	140	0	70	37	0
1962	4 567	3 108	0	3 666	2 956	0	620	0	0	281	152	0	0	0	0
1963	3 067	2 523	0	3 000	2 500	0	0	0	0	67	23	0	0	0	0
1964	5 546	4 108	0	5 029	4 108	0	0	0	0	517	0	0	0	0	0
1965	2 671	1 125	0	470	125	0	2 000	1 000	0	201	0	0	0	0	0
1966	5 200	2 499	0	338	99	0	4 800	2 400	0	62	0	0	0	0	0
1967	0	0	0	0	0	0	0	0	0	0	0	0	0	0	0
1968	0	0	0	0	0	0	0	0	0	0	0	0	0	0	0
1969	0	0	0	0	0	0	0	0	0	0	0	0	0	0	0
1970	5 190	2 480	0	1 190	680	0	4 000	1 800	0	0	0	0	0	0	0
1971	4 399	1 264	0	1 577	814	0	2 400	200	0	422	250	0	0	0	0
1972	4 790	1 712	0	340	62	0	4 100	1 500	0	350	150	0	0	0	0
1973	5 834	1 776	0	608	500	0	5 000	1 150	0	226	126	0	0	0	0
1974	7 308	2 300	0	2 800	1 900	0	4 200	400	0	308	0	0	0	0	0
1975	5 342	1 156	0	827	450	0	4 000	600	0	315	106	0	200	0	0
1976	5 452	2 452	0	859	452	0	4 300	2 000	0	293	0	0	0	0	0
1977	6 784	520	0	959	160	0	4 721	360	0	814	0	0	290	0	0
1978	6 164	3 370	314	828	488	0	3 165	1 650	314	1 174	736	0	8	3	0

资料来源：历年《中国统计年鉴》。

　　1958—1978 年的 20 余年间，除了 1967—1969 年 3 年资料缺失外，所有农作物受灾面积合计有 112 603 万亩，年均受灾 5 362.05 万亩；成灾面积 47 546 万亩，年均成灾 2 264.10 万亩。若去除 1967—1969 年 3 年，则年均受灾、成灾面积分别为 6 255.72 万亩、2 641.44 万亩。4 个计算结果均高于 1949—2008

年的平均数值：4 725.60 万亩、2 159.60 万亩、4 974.32 万亩、
2 273.25 万亩，反映出这一时期是山东省灾情较为严重的时期
之一。从统计年鉴的相关数据分析，1959—1961 年的灾情的确
是山东灾情较为严重的三个时期，年均受灾面积达到 11 542 万
亩，成灾更是达到 4 978 万亩，旱灾受灾、成灾面积显示，旱灾
是这三年最主要的灾情。需要关注的一个问题是，"文革"十年
由于各级机构多陷入瘫痪，统计的数据难以保证其准确性。
1958—1978 年灾情的基本波动如图 4 - 1。

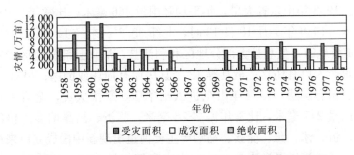

图 4 - 1　人民公社时期（1958—1978）山东省基本灾情图

从各种文献的记载看，这一时期山东省出现了几次较大的
灾情，比如 1958 年的夏蝗，全省受灾面积 1 700 多万亩，是新
中国成立后蝗灾面积最大的一年。1959 年山东发生了几十年来
罕见的严重旱灾，6 月 1—22 日全省持续高温，最高达 39℃。据
统计，全省中暑人数达 36 215 人，死亡 1 365 人，其中菏泽专区
中暑 21 771 人，死亡 487 人，受灾面积 7 700 余万亩，成灾
3 400余万亩。1960 年全省发生严重的三代黏虫灾害，发生面积
达 1 654 万亩，出动 17 架飞机防治。德州、聊城、惠民、烟台、
昌潍 5 专区发生 1 134 万亩。全省 120 万亩谷子被黏虫吃成光
杆，受害减产粮食 1.63 亿公斤。1964 年全省小麦发生锈病，受
灾面积 2 649 万亩，是 1950 年以来病害最严重的一年。全省气
候反常，阴天多，雨量大，青岛盐区降雨量达 1 418.5 毫米，羊

口盐区降雨量达 1 151.9 毫米。由于雨量过大，全省年产盐仅 35.09 万吨，仅完成年计划的 35.09%，为 1953 年以来产盐最少的一年。1965 年山东小麦丛锈病大流行，全省 30 个县 150 万亩小麦发病。以昌潍地区为最重，12 个县 84 万亩小麦发病，减产小麦 2 000 万斤。

"文革"开始后，山东省农业部门、民政部门由于受到冲击，对灾害的统计疏漏较多，但根据现有资料，仍然可以看出一些较大的灾情。如 1966 年全省大旱，有 82 县、市遭受不同程度的干旱。1968 年山东省大旱，年平均降雨量 466 毫米，比常年少 234 毫米。1969 年 7 月 18 日 13 时，北纬 38.2°、东经 119.4°，发生 7.4 级地震，垦利县大部分地区和利津县、沾化县部分地区受灾较重，人口有伤亡；掖县等 12 个县房屋有损坏或倒塌；另有 32 县、市有震感。1974 年山东进入雨季后，暴雨成灾，全省平均降雨量 241 毫米，比常年偏多 78 毫米，临沂、昌潍偏多 1 倍以上，沂、沭、潍、徒骇、马颊等主要河道出现新中国成立以来最大洪峰，河道漫溢决口，小型水库和塘坝被冲垮。1975 年，山东省沿海遭到 10 级以上大风袭击，掖县、招远、长岛沿海最大风力达十一二级，由于正逢鱼汛，损失严重。全省有 15 艘渔船沉没，20 名渔民遇难，损坏渔船 164 艘，各种网具 11 800 扣，冲坏海带 560 多亩。1977 年春山东旱情严重，自上年秋连续 7 个月缺雨少雪；5 月中旬德州、临沂、聊城、泰安、惠民、济宁 6 个地区的 23 个县遭受暴风雨袭击和低温冻害，刮坏刮倒房屋 13.3 万余间，冻死、砸死 102 人；全省发生小麦蚜虫害 3 490 万亩，是新中国成立以来发生面积最大、危害最严重的一年。小麦千粒重降低 3～12 克。1978 年全省大旱。全省平均降雨量仅 57 毫米，比常年同期减少一半。900 万人吃水发生很大困难[1]。

---

① 山东省 1958—1978 灾情资料主要参见山东省农业厅农业志办公室编撰的《山东省农业大事记（1840—1990）》以及《山东省志·农业志》相关年份资料整理。

从这一阶段的灾情情况看，旱灾是主要的灾害，分别在1959 年、1966 年、1968 年、1977 年、1978 年等年份发生较为严重的旱灾；农作物病虫害，如蝗灾、黏虫灾害也在1958 年、1960 年、1964 年、1965 年、1977 年等年份发生。一个新的趋势是随着进而来口的外来物种也带来疫病。比如 1961 年马里进口的花生米带进了谷斑皮蠹、1964 年从阿根廷和加拿大进口的小麦中分别带有小麦矮化腥黑穗病和谷斑皮蠹以及麦角病、1974年从墨西哥引进的可可瑞特等 7 个小麦品种也都带入了小麦腥黑穗病。此外，海洋灾害、地震灾害也形成了较大危害，反映这一阶段灾情的复杂性与严重性。

二、人民公社时期的农业救灾制度

1958 年各地纷纷响应中央号召，成立人民公社，本来其宗旨是发挥集体的力量，促进国民经济的快速发展。单纯从这一问题看，它对救灾工作的开展而言是有益的。然而，在其执行过程中，过多地受到了一些错误和极端的做法左右，使得这一政策不仅没有发挥出优势，反而与天灾结合在一起，构成了中国历史上天灾人祸的很好阐释，造成了 1959—1961 年的巨大灾难。

（一）救灾方针与机构的演变

这一阶段初期的农业救灾制度主要是在新中国成立初期救灾制度上的完善和发展。首先是调整了救灾工作的总体方针。我国农村全面推行人民公社化，社会主义集体经济积累增多，具有一定的抗灾救灾能力，救灾的方针应当根据实际变化的情况而加以改变。因而，在救灾工作方针中又增加了"依靠集体"的内容。1958 年内务部的第四次全国民政会议提出："生产救灾工作实际上有两种不同的方针：一种是防重于救，防救结合，依靠集体……一种是防救脱节，单纯救济，强调支持个人……实现前一种方针，既能解决灾民当前的生活问题，又能巩固和发展社会主义所有制，发展生产，消灭灾荒；实行后一种方针，只能够解决灾民的临时困难。"况且"前一种方针是相信群众，依靠群众，既顾眼前，更顾长远，治标治本兼顾，使农民走上永远富裕的道路，因而它是一种正确的方针。"（中华人民共和国内务部农村福利司，1958）这一政策是对新中国成立初恢复时期救灾方针的一大完善，早期虽然提出了具体的救灾方针，但是未明确将防灾、救灾结合起来。从政策上将单纯的救灾变更为防救结合，这是我们国家救灾的重大经验。同时，国家进一步明确"生产自救"为主的重心地位。1963年9月19日，周恩来在中央工作会议上再次强调了我国救灾工作的方针："救灾的方针，第一是生产自救，第二是集体的力量，第三是国家支援。这样三结合，才可以渡过灾荒。"（力平、马芷荪，1997）21日，《中共中央、国务院关于生产救灾工作的决定》指出："依靠群众、依靠集体力量、生产自救为主、辅之于国家必要的救济，这是救灾工作历来采取的必要方针。"进一步明确了这一时期救灾工作的方针，各地以此开展救灾活动。宋士云（2006）认为："从当时情况看，这一方针是比较客观和现实的，是从实际出发，根据中国国情制定的，即这一方针既有效地指导了集体和群众战胜自然灾害，大规模地组织生产自救，又减轻了国家财政的负担。"但是，在"左"的思想的影响下，曾经一度提出消灭灾荒的观点，1958年甚至撤销中央救灾委员会，各地也纷纷裁撤救灾机构，1959年7月18日《人民日报》就发表了《受灾地区要把灾荒消灭在秋后或今冬》的社论。这一方针严重影响了救灾工作方针的贯彻实施。

山东省救灾机构在这一时期受政治气候影响较大。前期基本能围绕国家的救灾方针开展工作，但后期在"文革"发生后受到的干扰较大。1960年成立山东省生产救灾指挥部，下设办公室，具体负责救灾工作。各地也相应地建立和调整了救灾机构。如济南市1960年10月成立了生产救灾指挥部，按照省委提出的"保人"、"保牲畜"、"保麦收"、"保社会治安"的要求，组织开展生产救灾运动（《济南市志》）；青岛市于 10 月 24 日成立"生产救灾指挥部"，指挥部下设办公室、生产救灾小组、调运治安小组、疾病医疗小组（《青岛市志》）；泰安于 60 年代初，专区及各县以生产救灾为中心，民政、粮食、财政等部门联合组成救灾办公室（《泰安市志》）；昌潍专区同年基于旱、涝、雹、虫、病等五灾并举，生产管理差，集体和群众抗灾能力差的现实，专区、县两级成立了生产救灾指挥部和生活安排办公室（《潍坊市志》）。1961年淄川在区委、区政府的领导下成立了生产救灾指挥部，各公社、生产队分别成立了生产救灾组织（《淄川区志》）。

　　这一时期，对于灾情的统计更为规范。1959 年，内务部召开山东等 18 个省、市、自治区救灾工作会议，关于灾情的统计方法就是会议的重要内容之一。1961 年，内务部颁布《关于报告自然灾害内容的通知》。山东省根据国家规定，严格落实灾害上报与救济制度。如山东莒南县政府即通过公社、生产大队、生产小队层层贯彻落实上级救灾精神和救灾措施。

　　"文化大革命"期间，"左"的思想登峰造极，形成了全局性的、长时间的"左"倾严重错误。1969 年主管救灾工作的内务部被撤销，救灾工作转由中央农业委员会、农业部和财政部等部门分散管理。由于救灾工作任务的分解，救灾工作长期陷入混乱无序的状况。受中央变化的影响，地方机构的设置发生变化。山东省生产救灾指挥部被解散，救灾工作先后由省革命委员会生产指挥部内务办公室、山东省革命委员会民政局、省民政厅承办。各级民政部门在救灾工作中的主要任务是：具体负责掌握灾情，组织生产自救，发放救灾款物，检查救灾方针、政策的执行情况，总结交流生产救灾工作经验。地方也发生变动，如临邑县十年动乱期间，由县革委生产指挥部分管生产救灾工作，并设立办公室（《临邑县民政志》）。

　　当然，在此期间，一些防灾救灾的结构也在缓慢建立发展。如 1967 年 2 月，中国科学院地球物理研究所帮助山东省选建的泰山地震台正式投入观测。至 1968 年初，定陶、苍山、莱阳等 3 个地震台先后投入工作。1975 年 5 月 5 日，山东省革命委员会地震局成立（《山东省志·农业志》）。但这一段的救灾工作因受到政治干预较大，防灾救灾制度建设成效不是很显著。直至 1978 年召开的第七次全国民政会议重申了"依靠群众、依靠集体力量、生产自救为主、辅之于国家必要的救济"的正确方针，才使救灾指导思想逐渐恢复正轨。同年 2 月，五届人大通过了新宪法，决定设立民政部，主管救灾工作。

（二）农业救灾制度的发展

这段时期的农业救灾制度大致可以分为两个阶段，"文革"之前多数是在新中国成立初期灾害救济制度的基础上加以完善和发展，特别是突出了生产自救制度的首要地位，将其置于中心，使防灾、救灾制度结合在一起。针对多发的灾情开展了卓有成效的救灾。"文革"十年虽然也有灾害的应急救助活动，但其成效、灵活性都差很多。

1. 一个创新的制度——"代食品"运动　"代食品"运动也称"瓜、菜代"运动，"代食品"指人们用于充饥，但在正常年景不作为食品的植物、动物、微生物、化学合成物等，饥荒时期以瓜果、蔬菜代替粮食作为主食。它主要是针对当时日益缺乏的粮食而采取的充分发掘蔬菜等资源，积储干菜，组织群众大种瓜、菜，制作代食品的运动①。"代食品"运动是三年经济困难时期的一大制度创新，但是与传统社会饥荒时期以野菜瓜果代替粮食并不完全尽似。传统时期更多的是一种民间的自发行动，而

---

① 以往的研究成果主要有陈海儒，《三年困难时期代食品运动探微》，《经济与社会发展》2007 年第 2 期；高华教授的《大饥荒中的"粮食食用增量法"与代食品》（香港中文大学《二十一世纪》，2002 年 8 月号，总第 72 期）与罗平汉的《共和国历史上一场特殊的代食品运动》（《炎黄春秋》2006 年第 6 期）以及熊新文的《共和国史上的代食品运动》（2006 年 7 月 3 日《新闻午报》）。

此时的运动是一场来自于政府最高权力机构发动的自上而下的运动。1959年11月14日，中共中央发出了《关于立即开展大规模采集和制造代食品运动的紧急指示》，根据中国科学院的建议，向全国推荐了一批"代食品"，成立以周恩来为组长的中央瓜菜代领导小组，正式提出了"瓜菜代，低标准"的口号。1960年6月又发出了"积极采集和储备代食品，必要时粮食部门应当收购一部分代食品储备起来"的指示。1960年11月，随着《中共中央关于立即开展大规模采集和制造代食品运动的紧急通知》的下发，各科研机构、地方政府部门纷纷成立专门单位，研究开发代食品，并成立"除害灭病"领导小组，普遍建立"人民生活情报网"，具体落实瓜菜代的任务。

山东省人口众多，粮食匮乏现象严重。有学者指出："豫、皖、川、鲁、甘、青、桂、黔等农村部分地区，则早已是道殖相望，村室无烟。而国家的粮食库存已到了最低警戒线——1960年7—8月粮食库存比上年同期减少了100亿斤。"（谢春涛，1990）在推行"代食品"运动之前，曾开展"粮食食用增量法"、"保粮保钢运动"，试图使有限的粮食发挥尽可能大的作用。有分析认为，到1960年6月，"湖北、河北、河南、安徽、江苏、山东、内蒙古、江西、广西、陕西、四川、辽宁和北京、天津、上海等省市采用增量法的伙食单位已高达50％至90％"（高华，2002）。但效果不佳，各地饥荒严重，并出现因饥饿而生成的死亡、疾病。菏泽地区从1959年入春以来，水肿（即浮肿）病人达72.7万人，死亡1 558人。文登市在1959年，由于"平调风"、"共产风"盛行，粮食丰产未丰收，农户不准存粮，集体存粮浪费严重。1960年草荒连片，全县粮食总产量比1959年减产47.4％。至1961年1月，每人每天按0.25公斤粮计算，全县缺粮1～3个月的19.5万人，缺粮4～6个月的16.7万人。人民生活极度困难，全县非正常死亡6 000余人（《文登县志》）。在1960年"保粮保钢运动"开展时，山东省章丘县黄河公社一地，从 6 月初至 8 月 15 日，已死亡 642 人。其中 8 月 1 日至 15 日，死亡 229 人，平均每天死亡 15.2 人。为此，省粮食厅响应中央号召，专门成立了代食品办公室，到全国各地采购了上亿公斤代食品（糖渣、地瓜蔓叶及其他可食用的植物叶、茎等），千方百计帮助群众渡过灾年。山东省开发的主要代食品种类主要有三部分组成：

其一是农作物类根茎等，如 1958 年莒南县灾后，农民年人均口粮不足 150 公斤，组织群众先后采集地瓜秧及能食的野菜 500 万公斤，以作食用（《莒南县志》）。这里的地瓜秧就是代食品的一大类。济阳县在 1960—1963 年先后遭受暴雨、蝗虫等灾害的侵袭，成为历史上罕见的连年自然灾害，从东北和山东临沂地区等地所借的代食品中也有糖渣、花生皮等代食品 600 万公斤（《济阳县志》）。济宁市 1963 年水灾后，发动群众生产自救，采集干鲜菜 22 亿斤。

其二，动员群众广泛种植瓜菜类物品。菏泽地区在 1958 年和 1963 年灾后，均发动群众采集代食品，种植瓜果早熟作物（《菏泽区志》）。1959—1961 年，阳信县连续三年遭受特大自然灾害，政府采取保人、保畜、保生产的非常措施，号召灾区大种瓜、豆、菜，实行"低标准，瓜菜代"，终于渡过了灾荒（《阳信县志》）。1961 年博山区遭数次自然灾害，麦季口粮分配人均只有 22 斤，每月平均 7 斤多一点。广大人民群众采取了"低标准，瓜菜代"的救灾方针，发动群众采集各类代食品 804 万斤，大力提倡种植瓜、豆、菜，收获 5 060 多万斤，每人平均 300 斤以上，补充口粮的不足（《博山区志》）。

第三，各地开展得较多的运动是通过"小秋收"和"小夏收"来大规模地收集野生资源。我国的野生植物资源种类多、分布广，有许多可以为人类所利用。夏、秋季节，许多野生植物生长成熟，采集它们并制成代食品对于缓解缺粮问题有一定作用。因此，1959 年秋，国务院发布了《关于深入发动群众广泛采集和充分利用野生植物的指示》，号召各地开展一个"小秋收"运动，上山采集野生植物资源。1964 年山东省东平县彭集镇遭遇严重涝灾，当地政府发动群众采集野生植物，"把树上的摘下来，地下的扒出来，水里的捞出来"，粮食不够瓜菜代，吃粗吃饱，渡过灾荒（《彭集镇志》）。

2. 渐向深入的运动——生产救灾的全面展开　生产救灾地位突出的主要原因是自然灾害与"大跃进"造成的经济衰退的双重负面影响。从灾害的爆发情况看，1958—1960 年山东灾情严重，特别是 1959 年、1960 年连续发生了大规模的旱灾，造成农作物的大量减产，粮荒蔓延，人民生活每况愈下。据统计，1959 年持续的旱灾导致山东省人口出现新中国成立以来的首个负增长年，比 1958 年净减少 48 万人，死亡率达到 1.819‰，比常年高 0.67‰。同时，全省粮食总产量虚报为 210 多亿公斤，实际产量只有 104.9 亿公斤。在虚假产量的基础上，粮食征购 36.5 亿公斤，为 1982 年以前 30 多年间征购最多的一年，造成了次年山东省经济的紧张。全省缺粮人口达到 1 596 万人，约有 65 万人因非正常原因死亡，外出逃荒未归者达到 110 万人（逄振镐、江奔东，1998）。三年成灾人口分别为 375.89 万人、731.61 万人、2 691.9 万人（《山东省志·民政志》）。比灾荒更严重的是经济决策的失误。1958 年开始的"大跃进"中，高指标、瞎指挥、浮夸风盛行，农业领域虚报粮食产量，大放"卫星"，山东省粮食由实际产量的 245.2 亿斤，虚报为 800～1 000 亿斤，大炼钢铁、大锅饭等等行为导致各地粮食浪费严重，最终许多地区都出现了粮荒，最严重的是济宁地区的粮荒，导致人口大量死亡，甚至出现弃子卖婴儿的现象。据统计，1960 年，受灾害与"大跃进"的影响，全省粮食、油料总产量均降为历史最低水平，分别比 1958 年减产 32.2%、72.2% 和 63.2%；大牲畜存养量和生猪存养量比 1957 年减少 33.1% 和 40.9%。1961 年更严重的经济困难出现，普遍性饥饿困扰人民的生活，粮食、油料比 1958 年减少 31.4％和 49.4％；棉花成为新中国成立以来最低年份，比1958 年减产 85.4％。大牲畜存养量和生猪存养量比 1957 年减少39.7％和 35.9％（山东省农业厅农业志办公室，1994）。受其影响，1961—1964 年的受灾人口达到 2 969.55 万人、2 389.73 万人、1 855.03 万人、2 294.92 万人（《山东省志·民政志》）。

但此时的中央及地方各级政府尚能根据出现的情况进行政策的调整，针对经济困难的现实开展生产救火运动。1960 年 8 月 2 日中共山东省委召开地、市、县委电话会议，部署生产抗灾工作。号召全党全民全力以赴，迅速掀起生产抗灾、节约备荒度荒运动。这是在"大跃进"运动中首次公开提出生产救灾度荒问题。10 月 27 日，中共山东省委发出《关于开展生产救灾运动的紧急指示》，确定生产救灾是一切工作的中心，号召党政军民紧急动员起来，为战胜灾荒而奋斗。11 月 21 日，省人委又发出《布告》，布置做好救灾的具体工作。11 月 16 日，中共山东省委召开生产救灾电话会议，要求各受灾地区抓紧封冻前紧迫时机，"大搞复收、大拾柴草、大采可吃可用的野杂生物"，生产救灾运动在全省全面开展起来。这次大规模的生产救灾活动大致可以分为三个时期：1960 年秋至 1961 年中，1961 年秋至 1962 年中，1961 年夏至 1963 年中（吕景琳、申春生，1999）。至 1963 年，全省的粮食产量达到 198.5 亿斤，虽然是新中国成立以来连续第四个总产最低的年份，但终于达到最低限度粮食自给标准，农业生产逐渐恢复，大规模的生产救灾运动基本结束。但在很长的一段时期内，生产救灾仍是救灾工作的中心，构成农业救灾制度的主体。生产救灾的内容与新中国成立初的基本类似，主要有以下几种：

（1）推进副业生产。新中国成立初的实践证明，副业生产是促进灾后恢复和经济发展的有效手段，是开展生产救灾运动的首要任务，这一经验由于其成效显著而具有强烈的路径依赖性，被广为借鉴。1958 年菏泽灾后，全区投入副业生产 9 万余人，

1963年43万人（《菏泽地区志》）；1959年博山大旱，政府扶持82个生产大队开展工副业生产项目69个，使灾区2 340人进行了生产自救（《博山区志》）；聊城全区1959年投入多种经营生产的劳力近百万人，1962年，坚持"集体自救"的方针，全区开展副业项目31个，从业人员37万（《聊城地区志》）。1963年，潍坊全区投入副业生产劳力50余万人（《潍坊市志》）。济阳县为战胜1963年的严重自然灾害，在县生产救灾办公室指导下，全县60%的生产大队搞起了饲养、运输、木业、苇编、条编、捕鱼、副食加工等工副业项目（《济阳县志》）。各地还积极种植早熟作物。枣庄市在1959年连遭7次大雨侵袭，政府组织多种大麦、豌豆等早熟作物。同年，聊城全区自然灾害严重，各级政府发动群众利用闲散土地种植早熟作物143万亩（《聊城地区志》）。1965年彭集镇全公社小麦、高粱、谷子等作物普遍遭受雹灾。干部群众全力以赴投入抗灾斗争，改种瓜、豆、菜及高产作物，在重灾之年确保了秋季丰收，完成了全年生产计划和公粮、余粮交售任务，社员全年口粮有所增加（《彭集镇志》）。

（2）抢种、抢收、保设施。灾害发生后，要积极抢收灾区的农作物，减少损失。同时加强补种的力度，促进生产的尽早恢复。1959年春，肥城、宁阳等县9处公社严重干旱，县、社派出11个工作组帮助受灾社队组织社员打井、挖渠抗旱，抢救48万余亩农作物（《泰安市志》）。同年，张店区发动群众抢播晚秋作物。种植胡萝卜10 790亩，大白菜5 181亩，白萝卜5 000亩，洋白菜116亩，大葱2 511亩，大头菜994亩，其他蔬菜4 641亩（《张店区志》）。1960年5月23～24日，黄县、蓬莱、海阳、莱阳、栖霞等县暴雨成灾，受灾面积12.55万亩，各县防汛指挥部在现场指挥，各抢险队、突击队及人民群众及时排水、整堤，抢救受灾麦田10万亩，占受灾面积的79.7%，1万亩绝产麦田适时种植早秋作物（《烟台市志》）。1961年7月中旬至8月中旬，泰安、菏泽、德州、惠民等地连遭暴雨，各地立即开展了排涝防汛抢种运动。德州地区提出了"救活一亩是一亩，救活一棵是一棵"的口号，当地尚王庄大队300多亩受涝农田排除积水后，又重栽地瓜150多亩，其中200亩抢种红萝卜和白萝卜；惠民县惠城公社刘玉亭生产大队排水抢种上50多亩胡萝卜，对未被淹的150亩粮食作物，经过加工管理，平均每亩可收200斤，大大减轻了受灾程度。据统计，截止到该年的10月7日，仅德州、聊城、惠民三个地区已排除积水1 700余万亩，抢种冬小麦880万余亩，播种秋菜332万余亩（王林，2006）。1961年商河县普发涝灾，县委、县政府带领群众排除积水、抢种秋菜……抢种萝卜和各种蔬菜1万公顷，越冬菜866公顷（秋后收萝卜、秋菜9 340吨），收贮野干菜1 125吨，草种子435吨，可食树叶535吨，地瓜叶、萝卜缨5 525吨，高粱壳、谷糠秕子640吨，饲草、烧柴13 905吨（《商河县志》）。1962年淄川大雨成灾，区委、区政府调剂肥料18万斤，帮助社员排涝、扶苗、补苗（《淄川区志》）。1964年潍坊全区先后降雨31次，安丘县临浯公社李庄、芝畔等4个村兴建排水沟13条，占地23亩，救出上游被水包围的群众和2 200亩农作物，全区592万亩积水地，很快被排除，并翻种了40余万亩绝产地（《潍坊市志》）。临淄区1972年春，边河、王寨公社旱灾严重，麦苗干枯，夏播困难。区、社两级派出60余人的工作队，拨出4万元增置抗旱工具，发动万余名劳力抗旱。经120天的抢救，保麦田8 000亩，保春苗1.5万亩，夏播6 200亩，做到有灾不荒，有灾不减产，全年亩产粮食达500斤（《临淄区志》）。

对于救灾设施，也要积极及时地开展救援，防止灾情的蔓延。1965年7月26～28日，烟台全区连降暴雨，根据烟台专署防汛指挥部"保水库、保河道、保仓库、保交通"的要求，各县市防汛指挥部布置所属基层抢险队在暴雨到来之前，整修加固大中型水库、河道的堤坝，灾情发生后又及时抢修被冲坏的水利设施，经济损失减少到最低限度，铁路、公路未中断通行（《烟台市志》）。

（3）通过以工代赈，兴建水利工程。虽然经过了新中国成立初的积极改造，山东省农业生产取得了一定进展，由于自然条件的局限，农田基本建设基础太差，抗灾能力较弱，山东农业生产仍处于一个被动的局面。据统计，全省 1.2 亿亩耕地中，3 500万亩属于经常遭受洪涝灾害的地区，产量很低；另有 6 500 多万亩缺乏基本的国土整治工作，属于对气象气候依赖较强的地区；仅仅是剩余的 2 000 万亩左右生产比较稳定（吕景琳、申春生，1999）。因此，兴建水利工程成为一项重要的工作。1962 年秋，山东省委提出水利建设今后三五年的计划，并从冬季开始，以鲁西南、鲁西北排涝工程为主，以各地水库配套工程为辅，计划动用 3 000 万工日，投资 2 500 万元，全面开展水利建设。"文革"时期也通过各种形式，如 1970 年的"大会战"来进行水利事业的建设。1966—1976 年的多数年份冬春都组织了大规模的以整地改土治水为中心的农田基本建设，全省约 1 000 多万人参加。

3. 积极开展国家救济　面对突发的灾情，国家开展积极有效的救济。各地灾害的救济方式（1958—1978）灵活多样。以山东省惠民县为例。如下表 4 - 2：

表 4 - 2　惠民县灾害与救济情况表

时间	灾情类别	灾情概况	救灾措施
1959	水旱雹虫	粮食减产 1 750 万公斤，棉花减产 180 万公斤，倒塌房 180 间，死亡 1 人	发动群众生产自救，节约度荒，自力更生。政府发放救济粮款
1960	水旱雹	13 个公社受灾，减产 9 成以上，倒塌房屋 1.6 万间，人畜死亡严重	县委、县人委建立生产救灾指挥部，领导人民度荒，发放大量救济粮款
1961	涝	全县大面积受灾，59 万亩绝产，倒塌房屋 10 万间，死 48 人。时值三年自然灾害后期，全县 10 万人患水肿病，死 6 000 人	建疗养院 85 处，建营养食堂 160 处，有 25 274 人得到补粮营养，发放大量救济粮、款帮助群众度荒

（续）

时间	灾情类别	灾情概况	救灾措施
1962	涝	37 万亩土地绝产，430 个村被水包围，倒塌房子 3 万间，伤亡 52 人	以生产自救为主，辅以国家救济。国家发放救济粮、款、物帮助群众度荒、修房、恢复生产
1963	涝	积水面积 39 万亩，20 万亩土地绝产	发放救济粮、款、物及各种贷款，安排社员生活，帮助社员恢复生产
1964	雹涝	绝产 40 万亩，倒塌房屋 2.7 万间	安排统销粮，发放救济款 105 万元，帮助无畜队解决牲口
1965	雹	伙龙聚公社、十五里堂公社部分大队遭受雹灾，成灾面积 6 655 亩	发放救济粮、款及贷款重点扶持
1966	风雹	折断树木 6 000 余株，毁坏房子 2 900 间，3 人死亡	发放粮、款、物帮助灾民恢复生产
1970	旱	成灾面积 20 万亩，8 万亩粮田减产 8 成以上	政府领导群众抗旱救灾，发放救济粮、款，安排社员生活
1974	涝灾	泥涝面积 29 万亩，绝产 30 万亩，倒塌房屋 21 667 间，伤亡 47 人	县委、县革委组织救灾工作组，分赴各公社领导救灾，发放救灾粮、款、化肥，扶持生产
1975	旱涝	受灾面积 37 万亩，绝产 4 万亩，倒塌房子 934 间	除领导社员积极抗灾外，发放救济粮、款赈济灾民
1977	涝	倒塌房屋 2 700 间，死亡 2 人	组织群众排涝，减少成灾面积，辅以贷款扶持
1978	雹灾	省屯、石庙等 6 个公社的棉花被砸成光杆，玉米叶片成丝，地瓜叶被砸烂	县委、县革委领导深入灾区查灾，并批给救灾化肥 150 吨，补救受灾作物，以减轻灾害

资料来源：惠民县地方史志编纂委员会编，《惠民县志》，齐鲁书社，1997 年。

（1）灾害的赈济。从惠民的案例看，对灾害进行有效的赈济仍旧是十分有效的救济方式。国家对各地的赈济主要提供钱粮、贷给购买生产资料或生产工具款项等，赈济物资除了粮食、现金外，还有其他种类繁多的物质。比如，1960 年日照遭遇新中国成立以来最严重的灾害，国家拨救济款 110 余万元，为群众建房5 840 间，修房 6 648 间。将 60 吨煤炭、5 吨康复饼干及 1.2 万余元的药费发放给病人（《日照市志》）。1962 年 7 月 13 日济南市灾后，到 8 月 23 日，全市拨出的救灾物资有粮食 3.4 万公斤（其中熟食 1.9 万公斤），救灾款 12 万元，工会职工福利费 40 万元，单衣 1 126 件，煤炭 1 026 吨和煤油、碱面、肥皂、面盆、暖瓶、风箱、蒸笼、铁锅、苇箔等一大批生活物资。全市派出28 个医疗队，抢救治疗病人 3 510 人，投放防治病药品价值 3 万元。当年国家拨发救灾款 23.4 万元，棉布 64 400 米，棉花 7 500公斤，发放私房修缮贷款 40 万元（《济南市志》）。泰安市也曾多次得到政府救济。1963 年，境内遭水、旱、雹、虫等自然灾害，成灾面积 7 万多亩，减产粮食 600 多万公斤，政府曾多次发救灾款，仅解决口粮款就达 7.28 万元。1965—1967 年，旱、虫等成灾面积累计 88.7 万亩，政府共发放生产救灾款 41.63 万元（其中 1965 年为 37.55 万元）。1973—1984 年，旱、风、雹等成灾面积达 334.93 万亩，市（县）人民政府共发放救灾款 208.5 万元（《泰安市志》）。1978 年文登 1978 年 11 月 12 日，县内突降大雪，气温骤然下降到零下 17℃，冻烂苹果 600 万公斤。政府按每公斤 0.04 元补偿果农，共补偿人民币 96 万元，以提高果农恢复生产的能力（《文登县志》）。

从救济的情况看，救灾款是最主要的赈济物资，国家各级政府投入数量较大（表 4 - 3）：

表 4 - 3　1958—1978 年山东省部分县救灾款发放情况表

单位：万元

年份	历城	济阳	博山	海阳	龙口	无棣	阳信	临沭
1958	—	3.90	—	—	—	—	—	—

（续）

年份	历城	济阳	博山	海阳	龙口	无棣	阳信	临沭
1959	—	21.50	—	—	—	7.01	—	—
1960	—	44.60	—	—	11.50	10.41	—	—
1961	—	90.20	—	—	—	15.71	—	13.12
1962	32.00	127.40	—	—	—	237.33	—	51
1963	28.00	84.70	—	—	—	31.71	67.00	25.18
1964	28.00	151.30	—	22.00	5.00	68.32	47.80	79.77
1965	9.80	186.00	1.94	—	13.59	57.45	133.70	19.69
1966	7.50	63.70	7.67	—	10.24	—	74.50	163.38
1967	—	21.70	9.47	—	5.73	—	—	112.43
1968	5.00	11.10	—	—	—	—	—	15.13
1969	30.00	45.20	—	—	14.86	—	—	5.35
1970	5.00	24.10	—	—	7.86	—	—	21.55
1971	—	40.20	0.50	—	2.39	163.79	—	77.79
1972	—	33.50	4.50	—	0.85	—	170.00	53.61
1973	10.00	14.50	14.50	—	1.26	—	—	25.58
1974	—	24.60	0.70	—	4.80	—	—	55.9
1975	5.00	47.70	—	—	2.42	—	—	37.19
1976	11.40	35.80	—	—	—	66.5	—	9.26
1977	11.50	90.40	—	—	2.70	—	—	10.18
1978	11.50	53.90	13.00	—	6.13	—	—	50.65
合计	194.70	1 055.80	52.28	22.00	77.83	625.10	493.00	813.64

资料来源：根据各地地方志相关数据整理。

表4-3是几个县级单位救灾款的发放情况。从1958—1978年的情况看，济阳、临沭等地的救灾款总数都比较多，反映了该地这一段时期曾经发生过较为严重的灾情。比如济阳1960—1963年，全县遭受暴雨、蝗虫等灾害的侵袭，累计受灾面积

22.64 万公顷，其中涝灾 21.9 万公顷，病虫灾害 0.74 万公顷，成为历史上罕见的连年自然灾害（《济阳县志》）。1974 年，临沭县遭受特大洪涝灾害，中央、省、地、邻县及驻军组织工作组慰问、抢险、医疗、运送物资（《临沭县志》）。从上表所列相应年份看，政府投入的资金也较多。

从市一级看，救灾款的投入数额更大，以泰安市为例（表 4 - 4）：

表 4 - 4 人民公社时期泰安市救灾款投入情况

年份	救灾款（万元）	救济人数（万人）
1961	332.50	6.77
1962	27.00	1.50
1963	90.00	3.00
1964	19.00	0.99
1965	363.00	10.20
1966	130.00	3.00
1967	53.90	3.50
1968	125.50	30.96
1969	245.00	6.10
1970	184.00	3.38
1971	111.50	5.45
1972	119.00	5.75
1973	148.00	8.60
1974	48.00	1.60
1975	301.60	6.32
1976	508.00	10.16
1977	180.00	4.50
1978	360.00	7.86

资料来源：泰安市地方史志编纂委员会，《泰安市志》，齐鲁书社，1996 年。

1961—1978 年，泰安市救灾款总计投入 3 346 万元，年均 185.89 万元；救灾人数合计 119.64 万人，年均救济 6.65 万人。这一时期泰安市政府救灾变动情况如图 4-2。

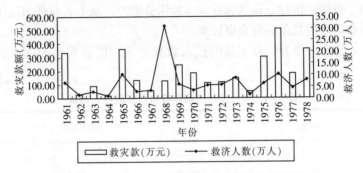

图 4-2　人民公社时期泰安市政府救灾情况图

从不同的地区看，同一年份所投入的救款额也会有所差别，如泰安市和莱芜市 1961—1978 年救灾款投入见图 4-3。

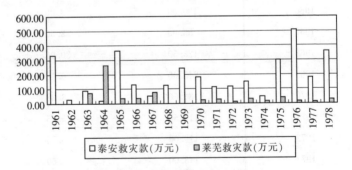

图 4-3　泰安市与莱芜市救灾款投入情况图（1961—1978）

资料来源：泰安市地方史志编纂委员会，《泰安市志》，齐鲁书社，1996 年；山东省莱芜市地方史志编纂委员会编，《莱芜市志》，山东人民出版社，1991 年。

图 4-3 是泰安市和莱芜市 1961—1978 年救灾款的投入情况，从一些可比的年份看，除了 1965、1968 年莱芜的救灾款多于泰安外，其他的都是泰安市的多，由此可以反映出两个地区的

灾情差异，相比莱芜而言，泰安应是一个多灾区。

救济款在很多方面都发挥重要作用，比如提供口粮、衣被、修房、治病等给予救济补助，以威海市（原县级）、淄博市为例。

威海市的情况如表4-5。

表4-5　人民公社时期威海救灾情况

年份	穿衣补助			治病补助			修房补助	
	元	户	人	元	户	人	元	户
1971	8 740	546	3 576	3 700	201	232	2 500	13
1972	3 120	211	1 355	1 180	27	175	830	8
1973	318	3	17	4 652	24	102	3 900	56
1974				9 774	133	133	7 226	210
1975	13 950	904	3 716					
1976	2 700	206	148	2 606	21	108		
1977							4 000	10

资料来源：威海市地方史志编纂委员会编，《威海市志（原县级）》，山东省省情资料库，http://sd.infobase.gov.cn/bin/mse.exe? seachword＝&K＝ba&A＝2&run＝12。

淄博市的情况如表4-6。

表4-6　淄博市自然灾害救济费发放情况

年份	发放总数	口粮救济		衣被救济		修房救济		治病救济	
		人数	款数	人数	款数	户数	款数	人数	款数
1970	47 425	—	—	485	2 367	11	337	1942	448 721
1971	168 314	23 144	107 481	5 326	19 771	324	11 257	8 480	29 805
1972	145 600	52 603	131 061	2 300	5 000	62	2 010	7 895	7 529
1973	385 618	233 934	344 791	2 799	8 790	422	9 451	8 285	22 586
1974	64 977	7 804	30 705	9 298	20 595	86	2 530	4079	11 147

（续）

年份	发放总数	口粮救济		衣被救济		修房救济		治病救济	
		人数	款数	人数	款数	户数	款数	人数	款数
1975	233 029	40 401	99 603	29 487	46 773	113	8 350	28 312	78 303
1976	35 545	2 881	7 098	570	1 030	—	—	6 739	27 417
1978	435 795	45 131	129 105	4 321	11 675	1 572	282 196	111 325	62 819

资料来源：《淄博市志》编纂委员会，《淄博市志》，中华书局，1995 年。

前文所述，除了现金款项外，还有其他的一些物资，如煤炭、药品、棉花，甚至面盆、肥皂等。当然除了现金外，主要以粮食、布料、煤炭等为主。选取济宁市和临沭县为代表。

表 4-7　济宁市灾害救济情况（1949—1978）

年份	成灾人口（万人）	救济人口（万人）	救济人口占成灾人口（%）	发放救济款（万元）	救济衣被（万件）	救济棉（万斤）	救济布（万米）	修建房屋（万间）	治病人数（万人）
1949—1959	862.4	593	68.8	3 259.5				0.36	10.1
1960—1965	858.1	497.16	57.9	4 921.9	13.8	58	238.13	84.88	
1966—1978	1 511.7	815.88	54	3 531.9				12.27	130.1

资料来源：济宁市地方史志编纂委员会，《济宁市志》，齐鲁书社，1999 年。

表 4-8　临沭县救灾物资情况（1961—1978）

年份	救济户数	救济人数	统销粮（斤）	救济布（尺）	救济棉花（斤）	救济衣服（件）	救济棉被（床）	生活用煤（吨）
1961	16 533	66 533						
1962	55 285	102 758	—		—	19 640	1 942	
1963	64 401	193 234	757 620	410 000	43 850	4 404		
1964	77 550	442 987	11 340 900					5 100
1965	70 820	314 100	—		2 803			

（续）

年份	救济户数	救济人数	统销粮（斤）	救济布（尺）	救济棉花（斤）	救济衣服（件）	救济棉被（床）	生活用煤（吨）
1966	126 106	563 985	—	280 000	—	—	—	—
1967	81 300	412 000	190 000	100 000	—	—	—	—
1968	—	—	—	—	—	—	—	—
1969	7 810	48 365	—	—	—	—	—	—
1970	37 550	199 000	290 000	130 000	130 000	—	—	—
1971	97 090	433 770	266 000	—	—	—	—	—
1972	45 685	203 150	345 000	—	—	—	—	—
1973	3 660	177 840	549 038	—	—	—	—	—
1974	77 700	320 500	—	—	—	—	—	—
1975	32 100	133 500	94 400	—	—	55 000	—	—
1976	7 784	209 049	—	—	—	—	—	—
1977	11 327	35 800	—	—	—	10 200	—	—
1978	116 797	456 128	20 200	—	10 000	—	—	—

资料来源：临沭县地方史志编纂委员会编，《临沭县志》，齐鲁书社，1993 年。

注：临沭县的救灾款数额在前表已列于前，本表不列。

（2）减免赋税。对灾情严重的地区，要减免赋税，以减轻负担，但减免的标准也不断调整。如表 4-9。

表 4-9 人民公社时期山东省税收减免情况

时间	减 免 标 准
1958	农作物遭受自然灾害显著减产者，按照当地正常年景，确定受灾程度，按轻灾少减、重灾多减、特重全免和鼓励生产的原则，受灾歉收二成以上者，由县（市）人民委员会根据上级分配的减免指标，合理确定减免数额。积极抗灾而使灾情减轻者不少减，怠于抗灾者不多减。因受灾而改种和翻种影响全年收入较大者，酌情给予照顾

（续）

时间	减 免 标 准
1959	以"基本核算单位"为单位（个体农户以户为单位）计算，以正常年景产量评定受灾程度，受灾歉收六成以上者全免，受灾歉收二成以上不到六成者，按受灾程度结合上级分配减免指标，合情合理确定减免数额
1960	将夏、秋两季灾情减免统一计算，秋征时一次减免。受灾较重的纳税单位减免后必须退还一部分夏季入库的农业税时，原则上准予退库。1961年受灾较重的地区减征或免征地方附加
1961	受灾较重的地区减征或免征地方附加
1962	按照一般正常年景产量计算，歉收在三成以上者，轻灾少减、重灾多减、特重灾全免、连年受灾加以照顾，减免指标落实到纳税单位，灾情减免和社会减免指标合并使用
1964	原则上以计税常产计算受灾成数，计税常产畸高畸低不合理者，参照计划产量适当照顾。歉收六成以上者全免，歉收二成以上不到六成者，由县（市）根据实际情况和上级分配的减免指标确定减征数额
1972	按正常年景产量计算，歉收六成以上者全免，歉收三成以上不足六成者，酌情减征。连年受灾和历年收入少、底子薄的贫队，全年粮食总产量扣除种子、饲料粮后，加上经济作物折粮，每人平均占有粮食不足300斤而又无其他经济收入的免征，每人平均占有粮食超过300斤，但完成全年农业税任务确有困难的，根据减免指标，酌情减征

资料来源：《山东省志·财政志》。

各地根据标准对灾区减免税收。1960—1963年济阳连年灾后，中央根据当地灾情严重的现实，减免农业税折粮3 051.1万公斤（《济阳县志》）。1974年临沭县遭受特大洪涝灾害，中央将医疗费减免2.7万元，农业税减免25万元（《临沭县志》）。

（3）发放贷款，促进生产。新中国成立以后的救灾主要以恢复生产为中心，故而对灾区政府除了给予必要的救济钱物外，还给与大量的贷款，协助灾民购买生产资料，尽快恢复生产。1960

年利津县大雨成灾，被涝农田绝产面积占全县总耕地面积的
70％以上，国家发放农业贷款 21.5 万元（《利津县志》）。1962
年临沂地区灾情严重，缺粮人口逾 40 万，政府发放小农具贷款
10 万元、无息贷款 38 万元（《临沂地区志》）。惠民地区也分别
在 1963 年涝灾、1965 年雹灾、1977 年涝灾灾后发放农业贷款
（《惠民市志》）。

　　（4）派遣驻地、专家组参与救灾。各地驻军也积极参与救灾
工作。1966 年淄博市淄川区峨庄公社突降暴雨，发生水灾，市、
区政府立即派出了人民解放军进行抢险（《淄川区志》）。1969 年
2 月，黄河发生凌洪，平阴、长清等县黄河漫溢，平阴驻军派出
人员船只救灾抢险，9 人英勇牺牲（《泰安市志》）。

　　1964 年 5 月山东全省小麦锈病大流行，受害面积 2 649 万
亩，是 1950 年以来发生的最重的一年。周恩来总理指示："今后
必须继续观察，继续研究，继续通过防治锈病的实践，改进工
作，提高效益，以达到最后消灭锈病的目的。"根据总理指示，
农业部植保局、北京农业大学、山东农学院和农业厅派员组成防
治锈病工作组，分赴济南、郯城、阳谷、平原等县，发动防治锈
病，全省共防治 2 023 万亩（山东省农业厅农业志办公室，
1994）。

　　（5）提高农业技术装备水平。从长远看，提高农业技术水
平、增加粮食产量是防灾救灾的有效措施之一。农业机械是农业
抗灾减灾的重要工具和物质保障。在农业抗灾救灾中，农业机械
的投入能够抢抓农时，促进灾后生产恢复，提高抗灾救灾效率，
减少各种灾害损失。因为，灾后生产恢复、水毁农田修复工作量
大，农作物补种、改种时间要求紧，农业机械的使用可以争时
间，抢速度，抢农时，尽可能减少灾害造成的损失。山东省注意
农具、农业机械、农药等技术水平的提高，从根本上提高农作物
产量，保障粮食安全。人民公社时期，山东省政府响应毛主席提
出的"用 25 年时间，基本上实现农业机械化"的指示，一方面

改良落后的或半机械化的农具，再研制适合本省情况的机械化农具，省、地、县各级设立农具研究所开展这一工作。此外，还组织工矿企业职工下乡，传播技术，检修工具。

山东省还通过兴建化学工业来推动农业落后面貌的改善，济南化肥厂、鲁南化肥厂、齐鲁石化第一化肥厂等几个大型化肥厂先后组建，还建立了110多个小合成氨厂和97个小磷肥厂，以支援农业发展。

这一时期虽然受到"文革"的冲击，但农业科研力量得到增强，全省县以上农业科研机构由1965年的30个增加到1975年的59个，农业技术人员由1973年的478 300人增加到594 900人，试验地由105万亩增加到157 万亩[①]。

农业科技投资的增加，使农业生产条件得到了改善，抵御灾害的能力有所增强。

表4-10　人民公社时期山东救灾款物汇总

年份	山东省救灾款数额（万元）	统销粮（万公斤）	棉布（万公尺）	絮棉（万公斤）	衣被（万件）	木材（立方米）
1958	1 542	188 385				
1959	3 028	157 258				
1960	6 724	136 497	67.8	145.1	277.5	
1961	5 732	101 824	148.1	75.3	1.8	
1962	4 109	86 281	103.1	62.5		
1963	4 220	104 652	183	95		4.9
1964	8 212	93 287	202	100		4
1965	1 2761	70 333	400	57.5		

---

① 主要参见《山东省志·水利志》，87～374 页；《山东省志国民经济计划志资料长编》第四、五编，山东人民出版社，1993 年；逄振镐、江奔东主编：《山东经济史（当代卷）》，233～235 页。

（续）

年份	山东省救灾款数额（万元）	统销粮（万公斤）	棉布（万公尺）	絮棉（万公斤）	衣被（万件）	木材（立方米）
1966	5 852	70 060	450			
1967	3 960	38 583	300			
1968	2 126	83 362	138			20
1969	2 495	30 264	40.6	1.1	5.3	
1970	1 875	50 539	138.3	20.8		
1971	3 710	63 658	153.3	23		
1972	3 322	48 319	23	4.8	0.8	20
1973	3 155	33 859	30.6	5.3	3.4	24.5
1974	2 730	77 721	390	75		
1975	3 515	45 835	43.3			1 000
1976	2 930	69 602	51	10.3	4.3	20
1977	1 780	61 362	27.8	6.5	1.3	20
1978	4 945	59 127	42.7	7.1	2.1	30

（6）顾全大局，应急处置。面对突发的灾害及可能造成的损失，政府有时会根据情况，本着顾全大局的精神予以应急处置。恩县洼是卫运河下游右岸的一个碟式自然洼地，也是漳卫南运河系最下游的一个滞洪区，地处山东省武城县境内，1963 年发生历史最大洪水，洪水位高达 24.70 米，最大洪量为 6.77 亿立方米。漳卫河中上游堤防多处溃决，京广铁路中断。下游河道防洪形势极为严峻，为了确保津浦铁路安全运行并减轻天津市的防洪压力，中央决定在四女寺村西扒堤分洪，最大分洪流量为 1 000.0 立方米/秒，淹没面积 325.0 平方公里，耕地 40.0 万亩，村庄 151 个，倒塌房屋 8 万余间，死亡 7 人，受灾人口近 7.6 万人[①]。类似的例子在 1957 年就发生过。1957 年暴雨成灾，临沂

---

① 水信息网，http：//www. hwcc. com. cn/newsdisplay/newsdisplay. asp? Id＝76076。

地区苍山县本着牺牲局部，保全大局的精神，主动打开江风口分洪闸为沂河分洪，使 140 个村成为分洪行水灾区（《临沂地区志》）。

4. 妥善安置灾民　灾害发生后，由于生产生活等客观条件被破坏，出现了大批灾民。1961 年广饶旱灾，群众生活困难，当地政府将牛庄、史口、辛店、油郭公社的 4 350 户、17 500 名受灾群众迁移于城关、大王、李鹊、稻庄等公社，使其生活达到当地一般群众的水平（《广饶县志》）。据统计，1959 年山东外流人口 32 万，其中青壮年 10 万人。1960 年 1 至 4 月，无票乘火车的盲流农民达 17 万人次，比 1959 年同期增加 3 倍，大部分来自鲁、冀、豫。前往东北的占 60%，前往西北的占 20%，其他城市占 20%；同年 1 至 6 月，流入内蒙古的盲流达 60 万人，同期辽宁农民外流 30 万人。如何安置这些灾民，事关社会的安定与否。1959 年 3 月，中共中央、国务院联合发出《关于制止农村劳动力盲目外流的紧急通知》，其后，在各个交通枢纽普遍设立收容站，处理灾民外流问题。相关资料表明，山东省各级政府能根据实际情况安置灾民。

1961 年德州地区先旱后涝，该地 11 月向临沂、泰安两地区移民 8.7 万人。如表 4 - 11。

表 4 - 11　德州地区 1961 年移民情况

迁出地	迁入地	数量（人）
平原县	平邑县	7 000
	费县	5 000
齐河县	宁阳县	2 437
	肥城县	7 700
禹城县	新泰县	8 700
	莱芜县	4 538
商河县	郯城县	7 000
	临沭县	3 000

（续）

迁出地	迁入地	数量（人）
临邑县	临沂县	4 200
	苍山县	8 800
	日照县	3 000
德县	蒙阴县	2 000
	沂南县	6 200
济阳县	沂水县	7 432
	沂源县	2 000
乐陵县	泰安县	8 000

　　资料来源：德州地区史志办编，《德州地区志》，齐鲁书社，1992年。

　　需要注意的是，最初山东省政府下达安置到临沂地区的平邑县、郯城县、蒙阴县、济阳县、苍山县的人数分别是8 793人、6 885人、2 049人、3 502人、7 513人（《临沂地区志》）。与表4‐11略有差异。原因可能是：一是部分人员没有服从统一安置、自行迁移；二是在迁移的过程中，由于其他一些原因，比如死亡或者其他灾民的加入，影响两地的统计口径。据记载，由于德州等鲁北其他地区自行流入临沂地区度荒且受到照顾者，临沂全区实际安置灾民57 764人，比省里下达的任务多安置5 190人[①]。

　　灾民达到安置地区后，安置地虽然经济状况不佳，同样也是灾区，但都尽力协助灾民渡过难关。郯城县将灾民安置在12个区、1个林场，广泛发动群众捐献，开展"一把粮，一把菜"的活动，想尽一切办法，解决了灾民的住宿和炊具等困难，并保证

---

　　① 据临沂专署于1962年6月28日呈省人委的专题报告，临民（1962）17号文，见《临沂地区志》，临沂市地方史志编纂委员会编，中华书局，2001年，1280页。

灾民每天口粮达 8 大两，还帮助 562 名灾民治病，与灾民团结互助，共同度过了灾荒。平邑县有外地区盲目流入的灾民 1 542人，其中参加生产队劳动分配的 108 人，其他 1 434 人已做临时安置。另接收平原县灾民 8 793 人，安置在 14 个区的 840 个大队，为灾民解决住房 2 673 间。外地灾民吃粮标准每人每天除国家供应 4 大两外，再由大队补给，一般可吃到 0.5 公斤左右。这些灾民在第二年麦收前，都返回家乡（《临沂地区志》）。

5. 地方对灾区的互助互济　全国各地也对山东的灾情给予关注，并通过捐款捐物等形式，积极开展救援，上海市各机关即号召："山东灾区人民的困难，就是我们的困难，大力支援山东灾区人民是我们应尽的责任。"据不完全统计，到 1960 年 11—12 月，福建、浙江、江西、江苏、安徽和上海等省市，对山东灾区大力开展粮食援助，并支援代食品 2.8 亿斤，罐头食品近3 600 斤，食糖 11 万斤，药品 9.6 万斤，维生素 15 万瓶，人民币 14 万元以及寒衣、鞋袜、棉花、棉布等救灾物资（王林，2006）。

山东本地非灾区的灾民也积极开展活动救济灾民。1961 年临邑等县遭受严重水灾，淄博市组成灾区慰问团赴灾区开展慰问，并支援了一批煤炭、药品、日用陶瓷、衣物等。1963—1973年，又先后对受灾的枣庄、惠民、安丘等地进行慰问、救济（《淄博市志》）。1964—1965 年烟台地区也向金乡、嘉祥、微山等县捐献代食品 600 万公斤（《济宁市志》）。《大众日报》1961年 1 月 4 日报道，惠民县社店公社非灾队派干部和社员到灾区慰问，本着自愿互利、等级交换的原则，与受灾队互通有无，调剂粮食，支援副食品。10 月 22 日报道，邹县人民决定多卖余粮1 000 万斤支援灾区。10 月 29 日报道，苍山县南桥公社干部社员通过回忆 1957 年本地受灾后外地支援的事实，认识到以丰补歉、相互支援的重要性。除保证完成 1 050 万斤的征购任务外，决定多卖余粮 120 万斤。此外，昌潍地区积储干菜 6 480 多万斤、泰安500万斤、临沂支援灾区菠菜种1万斤等，有效地支援了灾区的生活和重建（王林，2006）。同样山东也对外地灾区开展救济。1976年7月28日唐山地震后，淄博市、区成立抗震救灾指挥部或抢救组，淄博矿务局组织68人的救护队赴灾区，完成救援345人。8月4日、11日，震区伤员692人抵达淄博市治疗（《淄博市志》）。

三、人民公社时期救灾的成效

这一时期的农业灾害救济虽然受到政治因素的干扰，但在救灾事业上仍然取得了一定的成效，特别是1966年之前。

（一）生产救灾成效明显

1959年开始的"大跃进"造成山东农业生产连续三年大幅度下降，粮食、棉花均降至新中国成立以来历史最低点，山东经济进入一个困难时期。为此，政府组织开展了生产救灾。事实证明，生产救灾工作有效地促进了经济建设，使山东经济逐步摆脱低谷。

生产救灾对灾民生活的改善成效明显。淄博市博山区三年灾害期间，发动机关、学校、厂矿、企事业职工和城镇居民30万人（次）进行生产救灾活动，先后抗旱担水浇地17 441亩，灭荒65 000亩，消灭病虫害29 150亩，占病虫害面积的91%，使农业生产获得了较好的收成。秋收后发动群众进行复收，复收粮食19.7万斤，地瓜32万斤，野生粮种子4.3万斤，采集地瓜叶和野菜491万斤进行冬储，以度荒年（《博山区志》）。1961—1963年虽然全省多数粮田受灾，很大一部分减产、绝产，农作物产量未实现预定目标，但由于生产救灾运动的开展，农作物单产仍然逐年有所提高，总产量逐年增加。1961年山东省粮食作物亩产是57公斤，总产量840.5万吨；1962年亩产是61公斤，总产是910万吨；1963年亩产达到66公斤，总产量992.5万吨

（逄振镐、江奔东，1998 年）。

发展副业也大大增加了灾民的收入，增强了他们战胜灾害的信心。据各地地方志的统计，通过副业生产，1958 年、1963 年菏泽地区分别获得 280 余万元和 2 017 万元；1959 年博山收入 106 万元；聊城 1959 年完成产值 1.564 亿元，纯收入 749 万元，农业人口人均 15.6 元；1962 又收入 200 万元；1963 年，潍坊全区年纯收入 3.242 万元。济阳县年纯收入达 195 万元。

据统计，人民公社时期山东省合计解决口粮人数 14 349 万人，供衣 2 017 万人，修房 682.2 万间，治病 913 万人（表 4 - 12）。

表 4 - 12   人民公社时期山东省救灾成果

年份	口粮（万人）	供衣（万人）	修房（万间）	治病（万人）
1958	260			
1959	486			
1960	1 111	292	53.9	179
1961	854	155	44.9	96
1962	635	176	15.5	
1963	1 006	331	34.5	
1964	2 397	323	431	
1965	408			
1966				
1967				
1968				
1969	221	37	4	23
1970	154	24	4.5	15
1971	1 034	117	11	87
1972	1 219	121	7.2	82

（续）

年份	口粮 （万人）	供衣 （万人）	修房 （万间）	治病 （万人）
1973	874	69	5.4	74
1974	594	101	15.9	57
1975	1 060	100	12	84
1976	302	45	3.9	49
1977	856	63	9.9	88
1978	878	63	28.6	79
合计	14 349	2 017	682.2	913

（二）防汛抗旱工程建设取得新进展

山东省在此期间通过以工代赈等多种形式推动防汛抗旱工程的建设，取得了较大的成就。即使是 1958—1960 年三年"大跃进"期间，也建成了 100 多座大中型水库及南四湖二级坝、韩庄等大型枢纽工程。这些水利工程在防洪灌溉等方面发挥了很大的作用，多数至今仍在运转、利用。

1960—1966 年的调整时期，水利设施的建设也取得了较大进展。"二五"期间，山东大中型水库从无到有，达到 115 座，其中大型水库 27 座，总库容 95.6 亿立方米。小型水库 6 616 座，塘坝 21 403 座，灌排机械拥有量达到 18 778 台、17.7 万千瓦，全省有效灌溉面积 1 043 万亩。在防洪排涝等方面，对徒骇河、赵王河、金堤河等流域重点治理，并对黄河、沂河、汶河、沭河、泗河、潍河等河道进行维修加固，大大提高了防洪能力。全省各公社另兴修沟洫畦田、台田、条田 300 余万亩，开挖疏浚排水沟 35 000 余条，新建排涝建筑物 9 300 座，新打水井 39 000 眼、机井 4 000 眼，整修旧井 15 万眼，新增机电排灌设备 3 000

台，水车6 600部，新建和配套中小型自流灌溉850处，新建和整修塘坝、小水库、谷坊约20万座，新建和整修梯田710。这些工程共扩大灌溉面积150万亩，改善灌溉面积164万亩，初步治理300万亩（逄振镐、江奔东，1998年）。1966年，国家科委在禹城建立了"井灌井排旱涝碱综合治理改碱实验区"。

即使是十年"文革"期间，水利工程建设也有进展。据统计，1966—1976年，全省有效灌溉面积增加1 500多万亩，水库容量增加17亿立方米，组织建设了沂沭河水东调工程，德惠新河、东鱼河等大型排涝河道开挖工程，南四湖二级红旗第三节制闸工程，潘庄、李家岸、邢家渡、王庄等引黄灌溉工程（逄振镐、江奔东，1998年）。1970年通过"大会战"，治理了黄河、淮河、海洋流域，解决了惠民、德州、聊城、菏泽等地粮棉产量低而不稳的严重问题（吕景琳、申春生，1999）。水利工程的建设效果明显。1964年全省发生洪涝灾害后，水利工程作用明显。1953年、1961—1963年的降雨量均超过800毫升，水灾成灾面积在2 000万亩以上。1964年的降雨量超过1 250毫升，超出常年80%。但"二五"以来兴建的水利工程发挥巨大的效益，仅大中型水库就蓄水33亿立方米，避免了洪水泛滥，粮食尚有增产。一些地区通过灌溉治水，变水害为水利。如临沂地区通过对水库、河道水源的治理，将80余万亩洼地改造为水稻田，建成了旱涝保收的稳产农田（吕景琳、申春生，1999）。

（三）农业机械化水平有所发展

人民公社时期由于政府保持对农业机械的投资，农业机械化水平有所发展。到1976年，全省农业机械总动力达到776.5万千瓦，大中型拖拉机达到41 810台，排灌动力机械达到52.9万台，比1965年都有所增长，如下表。"文革"结束后更是发展迅猛。1978年的农业机械总动力更是到达108.5亿瓦特，较1976年、1977年两年分别增加39.6%、20.7%；农用拖拉机达到

155 688台，分别增长 79.8％、30.7％；排灌动力达到 65 万台，分别增长 22.9％、10.2％；收割机 11 184 台，分别增长 181.8％、54.8％；脱粒机达到 17 万台，分别增长 25％、9％。

表 4 - 13　1976 年山东农业机械化水平较 1965 年增长情况

种类	1976 年水平	比 1965 年增长倍数
农机总动力	776.5 万千瓦	10
小型拖拉机	44 800 台	108
排灌动力机械	52.9 万台	9
收割机	3 970 台	21
脱粒机	13.6 万台	33
渔用机动船	7 800 艘	8.8
化肥	325.6 万吨	23.23
农药	24 360 吨	3.5

据统计，1965 年山东省机耕面积为 1 676.3 万亩，仅占全省耕地面积的 14％，到 1976 年机耕面积已经达到 4 610.6 万亩，已占到耕地面积的 41.6％。通过 1977 年冬大力发展农田基本建设，到 1978 年，60％的耕地实现了水利化，40％的耕地建成了高产稳产田。化肥施用量由 1965 年的 56.4 万吨增加到 1976 年的 239.7 万吨，每亩耕地使用化肥量由 4.8 公斤增加到 21.6 公斤（逄振镐、江奔东，1998 年）。

农药广泛地使用在农作物病虫害的防治上。1970 年，烟台地区的 8 个县 20 多个点应用"二溴氯丙烷"防治花生线虫病示范 3 000 亩，防治效果 90％以上。这是防治花生线虫病技术措施的新突破（山东省农业厅农业志办公室，1994）。

人民公社时期的农业救灾制度虽然遇到了种种问题，但在初期以及"文革"结束后，派出政治干扰的救灾成效仍旧是很明显的。1977 年虽然有历史罕见的旱灾影响，但抗灾夺丰收的努力仍使灾害的损失减少到了最低限度。当年农业总产值达到 99.27亿元，完成计划的 93%，与 1976 年基本持平。1978 年则达到102.22 亿元，比上年增加 13%。由于社会的稳定，救灾成效的显著，农民经济收入水平逐年增加。1978 年集体分配的人均口粮达到 407 斤，现金人均 68.4 元，均较 1977 年有所提高。经济生活的提高无疑有助于抗灾救灾能力的提升。这是一个毋庸置疑的辩证关系。

四、人民公社时期农业救灾存在的问题

人民公社时期虽然山东省在灾害的救济中取得了一些成绩，但相比而言，存在的问题更为严重，特别是政策的失误与社会的混乱，不仅延缓了灾害的救济，更常导致灾情的扩大，严重影响防灾救灾工作的开展。

（一）经济计划失误削弱救灾能力

1958 年大跃进时期，全国鼓励大炼钢铁，大兴工业，组织了大批人员投入到工业建设中，严重影响经济的协调发展，削弱了农民的防灾抗灾能力，为灾害的发生埋下了隐患。山东省响应"全民保工业"号召，抽调几百万农村劳动力搞"小、土、群"发展工业，严重妨碍了当年秋收，使很多粮食作物和其他农产品没有收回来，丰产没有丰收，农业产值下降 27.8%。同时，由于大批劳动力投入到工业战线和集中兴修水利，直接从事农业生产的劳动力减少，素质也不高，耕作质量和田间管理水平下降，造成地力贫瘠，导致粮食播种面积减少，单产下降。生产救灾中着力强调的副业生产也受到政治的干扰，被当做"土围子"打，当做"资本主义尾巴"割，强制没收农民的自留地，限制农民搞家庭副业生产。全省农民家庭副业收入由 1966 年的 14.54 亿元减少到 1976 年的 13.32 亿元（逄振镐、江奔东，1998 年）。

但自"文革"开始又推行片面的"以粮为纲"，大力发展种

植业。据统计，1966—1976 年山东省种植业占农业总产值比重
保持在 70%～80%，整个农业的发展无论是从政策上、措施上、
投入上都严重的"以粮为纲"，甚至毁林开荒，缩河开田，破坏
了植被的生长，使水土流失的情况越来越严重。山东省人口的
80%依靠种地，对气候的依赖很严重，缺乏应对灾害的应变力。

（二）防汛抗灾中缺乏科学论证

　　虽然山东省在此期间兴建了一批重要的水利工程建设，但由
于受"左"的思想影响，水利建设缺乏科学的论证和科学施工，
经济实力超越了当时的现实，造成不必要的损失和浪费。据统
计，1958 年有 5 座大中型平原水库，6 处大中型灌溉工程，完成
投资 3 263.4 万元后，1960 年报废。1959 年则分别有 6 座大中
型平原水库、4 处大中型灌溉工程、19 座大中型水库工程，完成
投资 2 084.5 万元后报废停建。这些工程给全省经济和库区移民
带来重大损失。如沾化县侯王水库自 1958 年冬至 1959 年初两度
施工，完成土方 96 万立方米，用工日 596 个，1960 年停废。据
调查，施工中，库区移民 80 个村、9 500 户、37 376 人，各项拆
除迁移折款 1 427 万元，除国家拨付移民费 134 万元、工程费 20
万元，其余均由移民负担，平均每户损失 1 340 元。水利工程的
瞎指挥，特别是引黄灌溉主干道多与原有河流的自然流向交叉，
打乱了鲁西、鲁北自然水系，1960 年鲁北成灾面积占播种面积
的 50.2%，绝产面积占 50%（逄振镐、江奔东，1998）。

　　王玉柱在阐述大跃进时期山东水利建设的不足时说："实践
使人们认识到，50 年代建成的大批水库和引黄涵闸，虽然具备
了灌溉增产，还需要大量的排灌渠系配套和完善管理。否则，只
能大水漫灌。在易涝易碱的黄泛平原，大水漫灌不仅不能增产，
还造成了大面积土地盐碱化并加重洪涝灾害。已经建成的大批水
库，没有灌溉工程配套，同样不能增产。例如，东平湖水库曾经
蓄水 20 余以立方米，由于灌区没有开发，只得把水白白放掉，

还因泥沙淤积减少数千立方米的库容。""50年代'有了水就有粮'的愿望是积极的。但以愿望代替计划作为指导生产的依据，就必然出现偏差，造成人力、财力、物力的重大损失。"（王玉柱，1999）

（三）救灾活动受政治干扰严重

"文革"开始各级生产指挥机构被冲垮，各级生产救灾职能部门处于瘫痪半瘫痪状态，生产救灾工作时停时续，生产救灾常被作为"资产阶级恩惠观点"受到否定和冲击，救灾工作与先前先比进展缓慢。1968年全省遭受大面积旱灾，但由于无法采取有效的抗旱和补救措施，农业总产值比上年下降9.1%。而部分地区，如菏泽的救灾工作范围大大缩小，基本上仅限于分发省拨的救灾粮款。在发放救灾物资时存在贪污挪用、优亲厚友的现象。据济宁市对1970—1972年三年民政事业费的检查，上述不当开支达到43.75万元（《济宁市志》）。

第五章

改革开放以来的农业救灾
（1979—2009）

一、改革开放以来农业灾害概况

1978 年以来的 30 余年，山东省农业灾害现象仍旧十分严重，全省干旱、洪涝、风雹、病虫害、台风、风暴潮、低温冷冻、地震、泥石流等自然灾害频繁发生，旱、涝、风雹灾害受灾面积占各类自然灾害受灾面积的 76.8%，是影响全省的主要自然灾害种类。其中，旱灾受灾面积占旱、涝、风雹三种类自然灾害受灾面积的 64.1%，有 5 年农作物干旱受灾面积接近或超过 50%、8 年超过 70%、1 年超过 80%，对全省经济影响最为严重。此外，全省沿黄滩区共发生 7 次大的漫滩，沿海地区几乎每年都要发生风暴潮。据统计，1979—2008 年，农作物受灾面积 148 007 万亩左右，其中：旱灾 97 527 万亩左右、洪涝 23 632 万亩、风雹灾害 19 099 万亩；成灾面积合计 70 886 万亩，其中：旱灾 40 930 万亩左右、洪涝 12 679 万亩、风雹灾害 8 298 万亩；绝收面积超过 13 529 万亩，其中：旱灾 8 112 万亩左右、洪涝 3 354 万亩、风雹灾害 1 517 万亩[①]。

近年来，受全球气候变暖的影响，山东省时常出现极端天气气候事件，局部地区自然灾害发生的频率和损失呈明显上升趋

---

① 数据来源 1979—2007 年历年《中国统计年鉴》，2008 年根据山东省民政厅救灾处提供数据。

势，灾害形势日趋严峻。1979年来，出现了几次重大的农业灾害事件。1980年风雹灾严重，7月6—7日，昌潍、惠民、泰安、德州、青岛、菏泽、淄博、临沂、济宁、烟台10个地市的37个县214个公社遭冰雹、大风袭击。据不完全统计，农作物受灾面积达470万亩，其中重灾313万亩，绝产91万亩，损坏倒塌房屋1.7万多间，伤1700人，刮倒折断树木125万株；7月24—28日临朐、广饶、临清、泰安、蒙阴等18个县的126个公社遭到大风、暴雨、冰雹袭击。有248万亩农作物受灾，倒塌损坏房屋5万多间，刮断树木40万株，伤40人；9月1日烟台、昌潍、济南、惠民、德州、济宁6地市的27个县，遭受大风、冰雹袭击，受灾面积达478.3万亩，成灾面积198万亩，刮坏、刮倒房屋8万间，砸伤92人，死亡18人。1983年菏泽5.9级地震，菏泽、济宁两个地区11县（市）、126个乡（区）、6500余个村庄的近40万余户190万余人，共损坏房屋116万余间，其中严重破坏30.1万余间，倒塌6.1万余间，震后有6.91万余户31.3万余人无房居住；震坏各种桥梁1237座，涵洞水闸194座，机井1881眼，扬水站60余处，烟囱165座；死亡46人，伤5138人，其中重伤433人；砸死大牲畜638头、猪2390头、羊3382头；直接经济损失3.05亿元人民币。1991年临邑县15个乡镇438个自然村突遭50年未遇的特大冰雹袭击，53万亩农田受灾，其中绝产或基本绝产的粮棉田达42万亩，千余间房屋倒塌。济阳县11个乡遭受飓风、冰雹袭击，受灾农作物面积达34.4万亩，绝产面积达27.9万亩。章丘县北部5个乡镇受冰雹和龙卷风袭击，受灾农田达17.7万亩，其中5.5万亩棉花被砸成光杆，6.7万亩玉米被砸烂基叶。1992年16号强热带风暴、1997年11号强热带风暴共造成全省231人死亡，2.88万人受伤，损坏房屋173.39万间，直接经济损失166亿元。

　　旱灾是山东省主要的农业灾害。除1990年、1998年、2004年基本没有大的旱灾外（农作物干旱受灾面积均不到总受灾面积

的 10％），每年均有不同程度的全省性或局部干旱。1978 年至
1984 年、1986 年至 1990 年、1999 年至 2002 年连续干旱，1988
年和 1989 年四季连旱。30 年中，有 15 年农作物干旱受灾面积
超过总受灾面积的 50％、8 年超过 70％、1 年超过 80％。其中，
1991—2000 年是山东省旱灾的高发期，十年间旱灾的受灾率与
成灾率分别达到了 20.2％和 47.97％，全省有 4 000 多万亩农田
受旱，重旱 700 多万亩，有 200 多万群众出现临时性饮水困难。
临沂、潍坊等地的旱灾均为百年一遇。1981 年、1989 年、1992
年、1996 年、2006 年、2009 年初均发生过历史罕见的大范围旱
灾。其中，1981 年旱灾 60 年来罕见，全年平均降雨量 436 毫
米，较常年少 38％。全省 175 座大中型水库有 12 座干涸，28 条
大中型河道有 26 条断流，受旱面积 6 184 万亩，成灾面积 3 441
万亩。1992 年全省遭受特大旱灾，1 月至 7 月上旬全省平均降雨
量 128 毫米，较历年同期少 50％，特别是 5 月至 7 月上旬，全
省平均降雨量仅 34 毫米，比历年同期少 84％。全省受旱面积一
度高达 7 250 万亩，其中重旱 3 750 万亩，为历年同期受旱面积
最大值。农村缺水人口最多达到 1 738 万人，占农村人口总数的
25％以上。1996 年旱灾高峰时，全省受旱面积 280 万公顷，其
中重旱面积 97 万公顷，旱情为 1916 年以来之最，直接经济损失
29.42 亿元（山东省农业厅农业志办公室，1994；魏光兴、孙昭
民，2000；张国琛，2008）。

　　30 年来，山东省多次受到过农作物病虫害的侵袭。1980 年，
山东省农田发生鼠害，鲁南山丘地区最重，每亩农田有鼠 30～
40 只，多者百只以上。1982 年农田鼠害严重，发生面积 4 736
万亩，比 1981 年增加 2 700 万亩，是新中国成立后鼠害最严重
的一年。1987 年三代黏虫偏重发生，临沂、潍坊、惠民、青岛、
枣庄等市地大发生。共防治 847.6 万亩，仍有部分地块受害。
1995 年 6 月中旬，发生严重夏蝗灾害，发生面积 227.6 万亩，
密度显著高于常年。灾害发生范围涉及东营、滨州、潍坊、济

表 5-1 山东省主要农业灾害与粮食灾损情况

单位：万亩

年份	合计			洪涝			旱灾			风雹			低温		
	受灾	成灾	绝收	受灾	成灾	绝收	受灾	成灾	绝收	受灾	成灾	绝收	受灾	成灾	绝收
1979	6 135	3 489	332	465	212	0	5 000	3 000	332	653	271	0	17	6	0
1980	5 521	2 803	0	388	186	0	2 273	1 125	0	1 679	927	0	361	208	0
1981	6 466	3 359	0	214	94	0	6 157	3 225	0	95	40	0	0	0	0
1982	5 154	2 694	434	245	147	21	4 563	2 338	403	346	209	0	0	0	0
1983	4 841	2 207	510	98	21	0	4 200	1 937	450	540	247	60	3	2	0
1984	3 829	1 918	413	619	403	13	3 000	1 500	400	210	15	0	0	0	0
1985	6 128	2 524	786	1 129	651	299	3 280	1 031	300	1 719	842	187	0	0	0
1986	6 077	2 669	443	156	90	0	5 400	2 220	352	512	353	91	0	0	0
1987	4 948	2 593	381	210	116	32	3 741	1 984	289	920	472	55	77	21	5
1988	7 060	2 618	447	460	238	47	6 200	2 180	400	400	200	0	0	0	0
1989	7 061	2 840	427	250	70	40	6 000	2 500	350	660	198	37	151	72	0
1990	4 274	2 145	444	2 500	1 350	310	504	330	40	1 150	425	85	120	40	9
1991	3 622	1 812	255	988	633	0	1349	696	149	1 065	465	106	220	18	0
1992	7 512	3 998	899	671	128	34	6 024	3 624	804	812	245	60	6	2	1
1993	5 615	2 900	956	2 037	1 130	734	2 492	1 200	113	722	450	93	365	120	17

（续）

年份	合计			洪涝			旱灾			风雹			低温		
	受灾	成灾	绝收	受灾	成灾	绝收	受灾	成灾	绝收	受灾	成灾	绝收	受灾	成灾	绝收
1994	5 403	2 017	384	1 491	786	269	2 993	1 080	90	481	116	26	438	35	0
1995	3 496	1 111	245	640	411	94	1 793	393	26	927	272	123	136	35	2
1996	5 819	2 196	560	1 661	1 028	364	3 582	1 024	91	483	123	54	93	21	21
1997	7 119	4 076	871	1 054	714	128	5 140	2 944	723	364	226	11	561	192	9
1998	2 312	765	209	935	318	104	1 019	324	72	278	84	33	81	39	0
1999	4 507	1 845	411	346	182	48	3 851	1 500	350	306	161	14	5	3	0
2000	5 550	3 405	584	180	110	18	5 010	3 165	533	167	93	42	195	45	0
2001	5 394	3 422	647	746	470	96	3 240	2 000	300	756	492	153	653	461	98
2002	7 413	4 769	1 379	6	4	0	5 681	3 860	1 068	594	326	11	1 133	581	300
2003	3 948	1 875	477	2 295	1 392	350	1 286	260	62	368	224	66	0	0	0
2004	2 908	1 157	279	1 076	572	122	415	189	17	1 197	227	92	221	170	50
2005	2 670	1 069	233	786	513	102	534	108	20	255	127	34	563	170	12
2006	2 820	1 658	225	550	292	56	1 539	993	104	679	351	57	53	22	9
2007	2 798	954	150	796	422	17	948	201	79	453	120	29	556	182	25
2008	1 608	0	0	642	0	60	317	0	198	311	0	0	56	0	36

资料来源：1979—2007 年《中国统计年鉴》，2008 年数据由山东省民政厅救灾处提供。

宁、菏泽、济南、泰安等 7 市地 20 多个县（市、区），东营、滨州、潍坊 3 市地最为严重。由于防治及时，灾情得到有效控制。三十余年山东省的灾情总体状况如图 5-1。

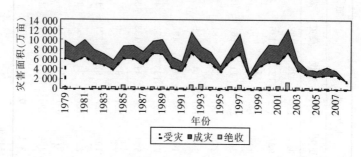

图 5-1　山东省农业受灾情况图（1979—2008）

30 余年来，山东省农业灾害也给群众生活带来极大影响，1978—2007 年全省年均每年受灾人口 3 000 万人以上，倒塌房屋 10 余万间，损坏房屋 40 余万间；因灾死亡 100 人左右；近 10 年来，灾害造成的直接经济损失每年都在 200 亿元左右（张国琛，2008）。从灾害造成的经济损失情况看，灾害损失占山东省生产总值的比例，1996—2007 由灾害造成的年均直接经济损失为 197.6 亿元，占生产总值的 1.58%；年均农业直接经济损失 155.7 亿元，占生产总值的 1.24%；重灾年份灾损超过 5%（1997 年占 5.04%），一般年份不到 1%（2006 年占 0.53%）。参见图 5-1。2008 年全省因各类自然灾害死亡的 10 人，失踪 4 人；紧急转移安置 9.67 万人，直接经济损失 57.09 亿元[①]

二、农业灾害救济制度

1978 年第七次全国民政会议重申了"文革"之前的方针，

———————

① 根据山东省民政厅救灾处提供的数据整理。

但逐步根据新情况对以往的救济制度进行了改革。1983 年第八次全国民政工作会议确定了"依靠群众，依靠集体，生产自救，互助互济，辅之以国家必要的救济和扶持"的新方针。这是根据农村实行家庭联产责任承包制的新情况提出的，较以前增加了互助共济和国家扶持的内容。2006 年 11 月 23 日到 24 日，国务院召开了第 12 次全国民政会议，确立了"政府主导、分级管理、社会互助、生产自救"的救灾工作方针。国家根据新形势对财政的变革、对灾害应急管理的重视也影响了救灾思想与制度的巨大变革。

改革开放以来，我国的灾害救助工作经历了以下几个重要时期：第一个时期是土地家庭联产责任承包制和对新时期救灾工作的探索阶段，主要是对救灾款使用方式的变化（1978—1992）；第二个时期是向市场经济转型阶段的救灾工作（1993—1997）；第三个时期是分级管理救灾体制逐步确立阶段（1998—2002）；第四个时期是进入 21 世纪以来，灾害应急管理体系逐步建立（张国琛，2008；民政部救灾司，2008）。与同时期全国的救灾工作相适应，山东省的救灾工作改革也发生重大的变革。总体看来，这一时期中国的灾害救济制度取得了重大的进展，在继承传统的救灾制度的同时，新制度随着科技的进展而不断获得创新，灾害应急管理制度业已建立，并在灾害救济中发挥着重要的作用。

山东省为做好防灾工作，设置了专门的救灾机构，并在报灾勘灾、防灾等制度上取得新突破。

1. 救灾机构恢复，并实现常规化　危机管理学认为，一个完善的机构的设置能够减少救灾的成本。1978 年以后，国家逐渐恢复和改革了"文革"时期受到冲击的各级救灾机构，设立民政部农村社会救济司主管全国农村救灾工作，后更名为救灾救济司。2008 年 8 月更名为救灾司，同时承担国家减灾委员会办公室、全国抗灾救灾综合协调办公室等。2002 年，国务院正式批准建立民政部国家减灾中心。山东省自然灾害管理的基本领导体制遵循中央体制进行改革。2007年成立山东省减灾委员会作为全省灾害管理的综合协调机构，主要承担研究全省减灾方针、政策和规划，协调省直有关部门和单位，指导地方开展减灾工作，与省防汛抗旱总指挥部、省抗震救灾指挥部等机构，负责全省灾害管理的协调和组织工作。地方各级政府也在逐步理顺灾害管理体制，并逐步成立相关减灾救灾综合协调机构。目前，青岛、泰安等市已成立减灾委员会。

各地也组建专业防灾救灾机构。1980年起，桓台每年汛期组成万余人的常备队、抢险队、预备队和200人的爆破队，筹集各种物资数百吨。在主要防洪河道关键位置，设水情观测点，监视洪水变化。1981年，又在主要防洪河道上架设通讯专线。1986年防汛指挥部成为常设机构（《桓台县志》）。

2. 报灾勘灾技术更加科技化、系统化 在灾害的监测预警上，全省已经逐步形成比较完善的气象监测预报网、水文监测网、地震监测和地震前兆监测系统、农作物和森林病虫害测报网、海洋环境和灾害监测网、地质灾害勘查和报灾系统等多灾种的立体监测预警预报体系，并构成了多种发布手段的预警信息网络。比如气象部门建立了省、市、县三级重大气象灾害预警决策服务平台，基本建成覆盖全省的综合气象观测系统，开发建设了气象预警预报业务平台。近些年开始广泛应用卫星遥感、地理信息系统、全球定位系统等高科技手段，建立防灾抗灾救灾机制和应急指挥系统。

灾情的报送充分利用现代化的科学技术。1995年全省开始灾害管理信息系统建设，并于1998年全面实施省、市、县三级灾情信息微机联网。在全国首先推行了自行开发的灾情管理系统软件，省、市、县三级灾害信息系统与国家灾害信息管理系统实现有效对接，极大地提高了灾害信息报送的时效性（张国琛，2008）。

3. 防灾制度日趋完善　山东省在 30 余年的时间中，根据社会实际情况的演变，进一步完善防灾制度，取得了很大的进展。

（1）救灾物资储备库建立。仓储制度是被传统社会视为行之有效的重要灾害防备制度，虽然新中国成立初一度设立过义仓制度，但由于缺乏更新，不符合时代的发展而被废止。改革开放后，国家充分认识到了灾害储备的重要性，从 1998 年起民政部全面加强中央级救灾仓库建设。山东省也开始省级救灾仓库建设。但地方上的仓储制度进行的比较早。平阴县为增强抗灾救灾工作能力，1994 年，本着"丰年多储，平年少储，灾年使用"的原则，在刁山坡、玫瑰、安城 3 个经济条件不同的乡镇试点建立了乡镇救灾救济储备粮制度，每个农业人口每年向乡镇交 1～1.5 公斤粮食积累储备，以备灾荒时使用。1995 年，全县所有乡镇都建立了此项制度。自乡镇救灾救济储备粮制度建立后，全县共收缴入库储备粮 1 820 吨，累计使用 1 125 吨，在救灾救济工作中发挥了作用（《平阴县志》）。2005 年，山东省救灾物资储备管理中心正式投入使用，开始储备救灾物资。至 2007 年底，全省救灾仓库已经增加到 65 处，其中省级 1 处、市级 16 处、县级 48 处，初步形成了以省储备中心为核心，以市、县级救灾仓库为补充的覆盖全省的救灾物资储备网络，应对突发性自然灾害的能力进一步增强。

（2）灾害应急预案体系逐步建立完善。中国传统社会虽然没有形成明文的应急预案，但"凡事预则立，不预则废"的危机理念在整个历史时期处处可见，充分反映了一个完善的应急预案的重要性。随着近些年来重大灾害性事件的频发以及后果的日益严重，国家认识到建立一套完善的灾害应急预案的重要性。2004 年党的十六届四中全会明确提出，要建立健全社会预警体系和应急机制，并把这项任务作为提高党的执政能力的一个重要方面。2004 年 11 月 2 日，新中国成立以来山东省出台的第一个救灾应急预案——《山东省自然灾害应急预案》颁布实施。该《预案》从适用范围、组织体系、部门职责任务等各个方面都作了详尽具体的规定。

2005 年 1 月 26 日，《国家突发公共事件总体应急预案》经国务院第 79 次常务会议讨论通过；同年 5 至 6 月，国务院印发四大类 25 件专项应急预案，80 件部门预案和省级总体应急预案也陆续发布；年末成立了国务院应急管理办公室。《山东省突发公共事件总体应急预案》也于 2005 年 2 月颁布。预案完善了全省突发重大自然灾害应急救助体系和运行机制，明确了相关部门在灾害应急救助中的职责，确立了 4 级灾害应急响应的标准和程序（表 5 - 2），成为全省突发公共事件应急预案体系的重要组成部分。2006 年底山东省成立了正厅级的山东省应急管理办公室，承担山东省突发事件领导小组办公室职能，主管全省突发事件的管理与协调。

以《山东省自然灾害应急预案》为依据，各市、县（区）根据本地情况，对应急预案进行了修订完善，形成了完整的预案体系。如威海市积极探索完善自然灾害应急反应机制，通过设立自然灾害应急反应准备金、救灾物资储备资金列入财政预算、建立减灾救灾部门联动机制等措施完善救灾应急机制（山东省民政厅，2008）。据统计，截止 2007 年，全省 17 市和 140 个县（市、区）已全部编制灾害救助应急预案。

为进一步明确各级响应的具体工作措施，2007 年，省民政厅颁布了《山东省民政厅应对突发性自然灾害工作规程》，根据《山东省自然灾害应急预案》确定的响应级别，并确立了全厅动员工作机制。

（3）大力推行防灾工程建设。山东省对一些重点的防汛抗旱工程，如中小河流、中小水库的综合治理、农田水利基础设施投入力度，台风、洪涝、风雹、地震等多发地区防灾避灾设施建设等较以往都有了很大的提高。济南市历城区 1988 年旱灾发生后，

表5-2　灾害等级划分标准

灾害等级	因灾死亡（人）	紧急转移安置（万人）	倒塌房屋（万间）	农作物绝收面积占播种面积比重（%）	直接经济损失（亿元）
特大灾	30以上	10以上	10以上	30以上	10以上
大灾	10~30	1~10	0.5~1	20~30	5~10
中灾	3~10	1以下	0.1~0.5	10~20	1~5
轻灾	一次灾害未达到中灾标准的均为轻灾				

资料来源:《民政三十年（山东卷）》，11页。

表5-3　灾害损失和响应级别

响应级别	一般突发灾害			破坏性地震		
	因灾死亡（人）	紧急转移安置（万人）	因灾倒塌房屋（万间）	因灾死亡人口（人）	紧急转移安置（万人）	倒塌房屋（万间）
一级响应	50以上	30以上	10以上	30以上	10以上	1以上
二级响应	30~50	10~30	1~10	5~30	0.5~10	0.3~1
三级响应	20~30	5~10	0.5~1	5以下	0.5以下	0.3以下
四级响应	3~10	1以下	0.1~0.5	—	—	—

资料来源:《民政三十年（山东卷）》，12页。

区委、区政府全力组织抗旱，加强小型水利工程建设，共建成小截流、小塘坝1 300多处，维修旧井540眼、扬水站60处，维修灌溉机械1 700余台。发展"小白龙"和低压管道节水灌溉3 333公顷。加强了对卧虎山、锦绣川、狼猫山、遥墙、华山等5处万亩以上灌区的用水调度，合理地解决了上下游之间的争水矛盾，最大限度地利用水源。同时，因地制宜组织了多种形式的灌溉服务组织200余个。柳埠镇组建了以小电机水泵配套的"卫星扬水站"30多个，先后到100多个村庄服务（《历城区志》）。

为提升农村的防灾能力，山东省推行了农村"减灾安居工程"建设，在做好灾区困难群众因灾倒房恢复重建的同时，把灾民倒房恢复重建、农村困难群众住房救助和农村减灾能力建设有机结合起来，提高农村社区抗灾能力。如东营市在2005—2007年三年时间，全市共投入建设资金1亿多元，新建农村特困群众减灾安居房3 264户、163 200平方米。菏泽市从2003年开始实施"万户安居工程"，所需资金由国家、集体、社会共同承担，以县、乡、村筹集为主，至2005年的三年间，全市累计投入资金3.6亿元，帮助困难群众新建房屋67 872间，维修危房105 333间，使3万多户农村特困群众实现了安居乐业。2007年，济宁市政府启动"农村贫困家庭危房改造"工程项目，截止2008年8月底，共改造和建设减灾安居房6 595间、面积达到113 203平方米，全部投入资金达到4 000多万元。截止2008年底8月，全省已投入建设资金5.28亿元，为困难群众重建住房9.88万间，修缮住房11.17万间，受益人口21万人，7.8万户。贫困家庭住房条件得到极大改善，大大增强了抗灾能力（张国琛，2008）。

三、农业救灾制度的创新

在农业救灾制度方面，由于新形势的需要，一些传统的救灾方式显然不适合时代的需要，为此国家进行了改革。

（一）财政改革引发的救灾款项发放方式的变革

1980 年之前，我国中央与地方财政基本不分家，中央集中管理财政，因此救灾活动中主要是中央政府出钱救灾，资金渠道单一。1980 年财政体制实施改革，中央财政与地方财政"分灶吃饭"，但在救灾款项上，地方政府没有根据财政情况的变化进行调整，依然主要由中央政府支出，致使救灾管理体制与社会与经济发展需要出现诸多不适应，需要新的变革。1993 年，民政部在福建南平召开会议，提出救灾款项分级负担的思路。1993年 11 月，全国救灾救济工作座谈会上提出了深化救灾工作改革，建立救灾工作分级管理、救灾款分级承担的救灾管理体制的新思路，得到次年召开的第十次全国民政会议的充分肯定。山东省1996 年 3 月下发的《山东省民政厅加快推进全省救灾工作分级管理的意见》中，对按灾害等级划分救灾责任的问题进行了初步探索，并开始将自然灾害救济费用纳入财政预算。1997 年，全省自然灾害救济事业费预算安排 6 503 万元，年终实际支出4 865 万元。

1999 年民政部、财政部《关于进一步加强救灾款使用管理工作的通知》颁布后，救灾体制又一次进行了调整。山东省根据这一精神各地普遍实行救灾工作分级制，财政中专列"自然灾害救济费"。如 1996 年新泰市各级财政普遍列支了"自然灾害救济费"，市列支 30 万元，乡镇列支分别为 3 万～5 万元。建起了救灾工作分级管理、救灾款分级负担的新机制，增强了抗灾救灾的能力（《新泰县志》）。同年肥城市建立救灾工作分级管理，救灾款分级承担机制，乡镇、办事处救灾预备金预算达到 3 万～5 万元，全市发放救济款 18 万元，救济金用户 600 多户。1997 年，共发放救灾款 100 万元。1998 年，发放救灾救济款 56 万元，救济粮 0.6 万公斤，乡镇解决配套救灾救济款 20.3 万元（《肥城市志》）。

（二）确立了救灾与扶贫结合的重要思路转变

这一时期一个重要的转变是将救灾与扶贫紧密结合起来，并予以规范化。之前政府的救灾工作一直强调的是生产救灾，希望通过积极的生产活动改变灾民单纯依赖国家赈济的局面。十一届三中全会之后，逐步推进救灾扶贫一体化的措施，在保证灾民安全度荒的前提下，运用部分款型实行有借有还，贴息贷款或投资兴办扶贫企业等，帮助有劳动能力的灾民发展生产，"促进其自身'造血'功能，实现生产自救和脱贫致富的目标，改变了以往'输血'型的救济模式"（《济宁市志》）。这一新思路直接影响政府救灾制度的转变。即更重视生产救灾环节的工作，而适当减少单纯的灾害赈济。从山东省救灾资金支出情况看，生活救济费的数量占据明显多的比例。从 1995—2007 年的数据看，有 5 年救灾支出中的生活费用超出 90%，最高的是 2002 年，为 98.89%，其次为 2006 年，为 95.28%。

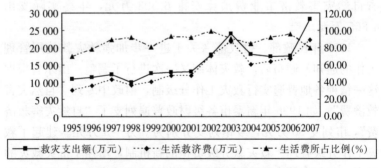

图 5-2　山东省生活费与救灾支出比重变化图（1995—2007）

资料来源：根据历年《山东统计年鉴》整理。

（三）建立救灾扶贫储金会与灾民救助卡制度

救灾扶贫储金会是 20 世纪 80 年代，山东省民政厅提出建立的民间救灾机构。其性质是群众在政府或集体组织的支持下自愿集资，以储金借贷的方式开展互救互济活动，共同克服自然灾害及其他困难，以保证基本生活需求的一种民间合作性自我保障组织。1982 年政府实行救灾工作改革，将救灾款分为无偿救济和有偿扶持两个部分，并鼓励农民以有偿扶持资金为基础，采用自愿集资的形式吸收民间的闲散资金，创办"自然灾害互助储金会"，其目的是救灾。1984 年，互助储金会的功能逐渐扩大，具有救灾与扶贫的双重功能。到 1989 年底，山东省建立救灾扶贫储金会 2 501 个，其中市地级 1 个，县级 88 个，乡镇级 2 413 个，累计积累救灾扶贫资金（即周转金）3 341.45 万元（张国琛，2008）。比如莒南市在 1990 年年底，全县已有 260 个村建立了储金会，有 3 万户群众入会，储金额达 27.5 万元（《莒南县志》）。肥城市在全县共建立救灾扶贫储金会 300 个，会员 9 万多户，筹集资金 1 366 万元（《肥城市志》）。救灾扶贫储金会在农村灾后发挥了重要的救济作用。1988 年、1989 年平阴县持续大旱，各村利用救灾救济互助储金会储金 9.11 万元，为 1 035 户受灾群众解决了临时生活困难（《平阴县志》）。

《国家自然灾害救助应急预案》第七条"灾后救助与恢复重建"规定，灾民救助全面实行《灾民救助卡》管理制度。对确认需政府救济的灾民，由县级民政部门统一发放《灾民救助卡》，灾民凭卡领取救济粮和救济金。所谓灾民救助卡，就是对需要政府救济的灾民贫困户，按照其缺粮时段和缺粮多少发放生活救济卡进行救济。灾民救助卡作为针对本救灾年度灾区重灾民生活救助的凭证，一户一卡，粮款结合，确保灾民救助的公开、公平、公正，提高灾民救助实效。山东省最初颁布灾民救助卡是 2001 年，临沂地区苍山县通过利用有限的资金发放灾民生活救济卡，有效解决了灾民贫困户的生活问题。山东省政府予以推广，2002 年底山东省已有 43 个县实行了此法。2003 年，山东省先后遭受干旱、风雹、洪涝、风暴潮等多种自然灾害，是自然灾害及灾害损失偏重的一年，且重灾区多集中在鲁西南、鲁西、鲁北等经济欠发达地区，农村贫困户是受灾损失量严重的群体。针对这一情况和国家的应急预案的规定，灾民救助卡制度在全省推行。全省2005年发放灾民救济卡131.7万张。

四、传统农业救灾制度的发展

改革开放以来的三十余年，山东省农业救灾制度在继承传统救灾模式的基础上，又取得了许多创新，共同促进山东救灾事业的发展。

（一）继续完善生产救灾制度

生产救灾是新中国成立以来一直推行的一项重要的救灾制度，它是救灾工作方针的核心，组织和指导灾区开展生产自救，是各级政府抗灾救灾工作的重要组织部分。通过鼓励灾民投身生产来重建灾区、恢复灾区经济建设，减少对国家赈济的依赖，被证明是行之有效的措施。1978年以来，政府通过抓好农业生产、组织灾民开展工副业生产和劳务输出以及以工代赈等方式，做到一业损失多业补，多渠道增加灾民收入，增强受灾群众抗灾自救能力。1982年蓬莱春旱，中共蓬莱县委、县人民政府在发动群众抗旱保春播、抗旱保麦苗进行生产自救（《蓬莱县志》）。荣成在发动干部群众与旱灾作斗争的同时，积极开展多种经营，发展家庭副业，全县共增加收入300万元。县政府又拿出2.2万元，帮助1 509户困难户买猪385头、羊85只、长毛兔4 200只，以及其他家禽和农副产品加工原料（《荣成县志》）。1988年、1989年平阴旱灾后，组织受灾群众开展生产自救，全县共组织开山打石组326个、1 710人；小型建筑队105个、1 535人；有5 240名劳力外出务工；3 860人搞起了临时性经营，总从业人员12 000人（《蓬莱县志》）。1997年8月，因受11号台风影响，利津北部地区遭受特大海潮袭击，农业部门组织抗灾自救小组帮助灾民生产自救，调拨棉种35吨、地膜

36 吨，播种棉花，恢复生产（《利津县志》）。1997 年东营市河口区普降大雨，各乡镇领导及包村干部组织群众加强对农作物的田间管理同时，发展二、三产业，把灾害损失降到最低程度（《河口区志》）。

以工代赈也一直被视之为行之有效的重要的生产自救制度，改革开放后虽然这项制度的推行不如以往，但仍在救灾中发挥着重要的作用。1991—1995 年，济南市历城区相继安排了粮食和工业品以工代赈黄河治理工程项目投资，旨在通过扶贫救济、兴修水利、加强基础设施建设，改善黄河北展区人民群众的生产、生活条件，确保黄河防洪工程的完整性。国家投入以工代赈资金 5 年总计 602 万元，大部分用于稻改、引黄压碱、挖池塘等项目（《历城区志》）。

灾后各地还相应的开展补种工作。1981 年淄博市博山区旱情严重，组织群众抗灾保种，救灾保收，大种瓜、豆、菜，大搞多种经营（《博山县志》）。利津县 1986 年遭受风雹灾害，粮食、供销、农业部门筹集调拨化肥种子进行补种，加强晚种作物种植管理，降低灾害损失（《利津县志》）。1987 年新泰风雹灾严重，市财政组织群众扩种小麦，以麦补秋（《新泰县志》）。1989 年平阴县旱后，全县有 334 台运水车，864 辆地排车投入抗旱种麦，使全县完成了 18 267 公顷的播种任务（《平阴县志》）。1990 年济阳遭受严重涝灾，发动 30 多万名劳力在田间排水、施肥、喷药，对绝产地块抓紧补种蔬菜，同时以科学种田救灾，对 1.7 万公顷高产开发地块和 2.7 万公顷农作物长势较弱的地块，每 33 公顷配 1 名农业技术员现场指导生产（《济阳县志》）。

救灾与扶贫的结合的新政策，通过救灾扶贫基金会等机构赋予这项政策更新的生命力。1990 年春，村级救灾扶贫互助储金会在莒南县沂水镇埠东村开始试点后，随之进行生产自救，互帮互助工作（《莒南县志》）。

（二）抢救保护灾民的生命财产

在突发重大自然灾害面前，抢救人民群众的生命财产是抗灾救灾的首要任务。灾害发生后，山东省各级政府迅速到达灾区，帮助灾民抢救财产，减少损失。1992 年 9 月荣成遭受强风暴雨的袭击，市委、市政府组织专人对受灾重点部位组织有关乡镇、村渔业生产单位集中人、财、物力突击救灾。渔业生产单位立即抢修受损渔船 168 只，整理被毁坏的各类养殖 1.3 万亩。各乡镇、村组织农民群众抢修房屋 746 间，修道路 1 550 米；机关干部和果农以及食品加工单位加工和销售落果 4 万余公斤；邮电、电力部门维修线路 2 万多米；组织工业、流通部门供应抗灾物资价值 107 万元；保险部门灾情理赔 203.7 万元（《荣成县志》）。1997 年利津县北部地区遭受特大海潮袭击，县委、县政府组织 100 多名机关干部，出警 500 多人次，派车 20 辆，到重灾区利北境内进行抢救，安置灾民 600 多人，发放捐助款 15.5 万元，专项建屋款 100 万元，帮助 343 户群众建房 664 间（《利津县志》）。

（三）积极开展国家赈济

对于灾区各级政府及时地给予救助，帮助灾民渡过难关。政府的赈济方式主要包括钱物救助以及蠲免赋税等。

1. 救灾款赈济 灾害发生后，国家会及时地拨付专门的救灾资金，帮助灾民购买必须的生活物品，早日渡过生活的困境，救灾款具备了生活和扶贫的双重性质。但青岛市 1980—1990 年救灾款发放情况表明，救灾款更倾向于生活的救济。十年总共发放的 3 137.6 万元中，扶贫款仅占 672.9 万元，而生活款为 2 464.7 万元，占 78.6%（表 5-4）。

由于国家财政的改革，救灾资金实行了分级管理，故这部分资金来源多元化，除了本地拨付的外，还有向上级部门申请以及

表5-4　青岛市救灾款发放情况统计表

单位：万元

年份	崂山区		即墨市		胶州市		胶南县		莱西县		平度市		黄岛市		合计
	扶贫	生活	扶贫	生活	扶贫	生活	扶贫	生活	扶贫	生活	扶贫	生活	扶贫	生活	
1980		5		117				13.5				7.5			144
1981		4		26		21.1		17.5		23		13			112.1
1982	6	168		378	115	135	5	125	11.8	204		148			1 299.3
1983		5	26	47		6.2	4	3.5	15.4	39.6	3.5	7.5			157.7
1984	10	9	35	21	9.3	21.7	18.6	9.4	15.8	58.2		5.7	6.26	6.26	219.96
1985	37	36	33	47	16	45	35.5	27	27.5	38	63.2	4.3	6.7	6.7	424.7
1986	12	8	15	5	6	15	15	6	6.3	9.7	6.8	8.2	6.7	6.7	117
1987	10	13	17	18	8	23	9.4	9	10	22	19.4	15.6	3.04	3.04	177.44
1988	2	6		11	14	22	5	33.4		8	5.9	7.1	1	1	115.4
1989								23					1.5		170
1990								12					1		200

资料来源：青岛市史志办编撰，《青岛市志·民政志》，中国大百科全书出版社，1996年。

群众自发募集的。但政府的拨放是主要的。肥城县 1988—2002
年灾害救济金中，群众募捐仅为 196.7 万元，占据 19.6%，如
表 5-5。

表 5-5　1988—2002 年肥城市灾害救济情况统计

单位：万元、户、人

年度	救济金		救济户数	救济人数	年度	救济金		救济户数	救济人数
	总额	群众募捐				总额	群众募捐		
1988	170		11 000	33 000	1996	56		2 200	7 700
1989	46	117	3 900	11 700	1997	100		2 600	7 900
1990	45		3 610	10 900	1998	56	12	2 950	8 950
1991	34	26	3 540	10 620	1999	71		2 430	7 190
1992	52		2 095	7 386	2000	40		1 500	4 550
1993	79	27	3 450	10 350	2001	54		2 580	7 940
1994	29		2 890	8 670	2002	134	120	35 000	128 000
1995	39		32 000	49 000	合计	1 005	196.7	111 745	313 856

资料来源：肥城县史志编纂委员会，《肥城县志》，齐鲁书社，1992 年。

改革开放以来，山东省投入了大量的救灾资金，1978—2007
年总共合计 225 433.5 万元，如表 5-6。

表 5-6　1978—2007 省级拨付救灾资金情况一览表

单位：万元

年份	拨付救灾资金	年份	拨付救灾资金
1978	4 945	1984	4 523
1979	2 355	1985	5 410
1980	1 655	1986	4 165
1981	2 415	1987	4 382.5
1982	5 045	1988	4 227
1983	3 038	1989	2 485

（续）

年份	拨付救灾资金	年份	拨付救灾资金
1990	7 380	1999	10 160
1991	5 725	2000	7 580
1992	7 655	2001	10 520
1993	13 180	2002	16 030
1994	7 005	2003	20 170
1995	5 520	2004	13 300
1996	12 785	2005	11 940
1997	9 687	2006	12 650
1998	6 831	2007	22 670

资料来源：《民政三十年（山东卷）》，第18页。

　　从改革开放以来省拨救灾资金的情况看，总的发展趋势是逐年增加的。由1978年的4 945万元增加到2007年的22 670万元，其中20世纪90年代初期、21世纪初出现增长较快，与这些年份的重大灾害比较契合（见图5-3）。救灾资金是开展救灾行动的物质基础，山东省对救灾活动的长期投入为救灾活动的开展提供了最基本的条件，也为顺利开展历次救灾活动奠定了良好的基础。

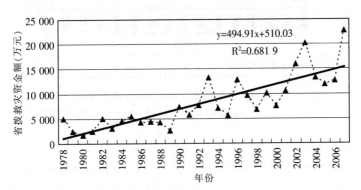

图5-3　山东省救灾款支出情况（1978—2007）

但一个需要关注的现象是，1979—2007 年山东省的救灾资金与农作物成灾面积之间的相关系数呈负值，为－0.202 06，二者呈负相关（如下图）。这一问题一方面可能是山东省改革开放以来救灾形式的多样，灾民不单纯的依靠省政府的资金，国家投入、地方自筹、银行贷款、农业保险、社会捐赠等等都发挥着重要的作用①。1981 年淄博市博山区大旱，6 个公社自筹资金91 000 元，从外地为社员购买议价口粮 41 万斤，为 46 341 户，158 271 人解决了口粮的不足。国家拨救济款 495 000 元，救济衣物 108 件，救济 3 969 户，158 750 人，解决受灾群众的吃饭、贫穷问题。1990 年，新泰发生严重风雹、洪涝灾害，市内 640个村、22 万户、89 万人受灾。救灾资金筹集采取了市财政拨一点、乡镇办事处拿一点、组织群众互助一点、群众自筹一点的办法，解决灾民困难（《新泰市志》）。但另一方面更可能反映由于

图 5-4　山东省救灾资金与成灾面积变化
趋势对比图（1979—2007）

---

① 康沛竹（2005）的统计显示，1959—1994 年中央财政补助各省的特大抗旱经费约占实际抗旱经费开支的 10%，省、地、县各级地方财政补助占 10% 多一些，其余 70%～80% 是由银行贷款和群众自筹解决。

救灾款项的缓慢增长与灾损的迅速扩大导致了政府救灾款项总体的不足。孙绍骋（2004）对中央政府救灾投入发展趋势的分析也验证了这一问题。虽然有民间捐助等其他渠道，但正如前文的分析，与政府的救灾款相比，依然仅仅是杯水车薪。

救灾款的使用中注意与扶贫结合。1980—1985年在保证灾区灾民基本需要的前提下，利用自然灾害救济款建立了5 268.9万元的扶贫基金，重点用于灾区的扶贫脱贫工作（《山东省志·财政志》）。

2. 实物赈济 除了现金的救济外，各地还给予实物的赈济，有粮食、衣物等生活物资，也有化肥、农药、良种等生产物资。比如1985年，济阳县遭遇风暴灾害，政府拨放救灾粮175.6万公斤，煤200吨，化肥230吨，木材10立方米，镀锌铁板5吨。1990年暴雨灾害后，当地为灾区购进化肥8 400吨，各种农机具2 000台（《济阳县志》）。1985年文登县台风成灾，政府筹集水泥1 000多吨、瓦200多万片、玻璃6 900平方米，分配到各灾区（《文登县志》）。济南市历城区在1986—1995年即拨粮1 063万公斤，其中，1988年为220万公斤，1989年为290万公斤，1990年为423.5万公斤；筹集发放衣被3万余件，调拨农药、化肥等生产资料100余吨；调拨良种10余万公斤；提供畜禽良种1.8万余只（头）（《历城区志》）。1990年6月24日晚，东营市河口区遭狂风冰雹暴雨袭击，直接经济损失1 700万元。区委、区政府及时派人派车为灾民送面条、馒头等食品，国家发放统销粮155吨，应急粮1.4吨，柴油25吨（《河口区志》）。同年荣成沿海遭遇暴雨袭击，该市物资部门将救灾木材2 000立方米、钢材1 000吨、三烯100吨送往救灾第一线（《荣成市志》）。

3. 蠲免税收 在2004年全面的税费之前，农民上缴税收一直是一个沉重的负担，故灾歉减免农业税成为一项重要的救灾制度。改革开放之后，山东省政府又根据变化的情况制订了新的减免税收办法。1979年国家实行了按照起征点征税的新方法，社员全年平均口粮在365斤以下，每人平均分配收入不足40元的，一律免征农业税。在起征点以上和不实行起征点的纳税单位，因遭受自然灾害全年农作物总产量比正常年景产量歉收五成以上的全免，歉收二成以上不足五成的，根据歉收程度酌情减征。1983年、1984年分别实行1979年、1972年的税收减免办法（《山东省志·财政志》）。2001年财政部颁布《农业税灾歉减免财政专项补助资金管理办法》，其目的是："为了减轻受灾农民税收负担，对地方财政因执行农业税（含牧业税）灾歉减免政策而减少的农业税收入，中央财政给予专项补助。"即通过中央的补助鼓励灾时对农业税的减免。农业税灾歉减免按照"重灾多减、特重全免"的原则办理。山东省依据国家的规定，对灾区税后予以适当的减免。1986年7月9日，东营市河口区新户乡、太平乡全部及义和镇西部受雹灾，农业歉收，政府减免农业税12万元。2000年该区持续干旱，对农民群众应交纳的"三提五统"予以缓收或免收（《东营市志》）。2002年平阴县遭遇旱灾，县政府安排400万元用于乡镇补贴农业税收减免（《平阴县志》）。

4. 全面推行农业灾害保险　农业保险的管理方式能够较好地满足灾害管理的公平目标，有利于优先扶持和保证农业这一社会的弱势产业，政策性农业保险是国际通行的"绿箱"政策，是社会公益性很强的准公共产品，旨在利用全社会的力量分摊各种风险，并利用保险的自我发展和积累，分摊相当部分的不可预料的风险损失。从这个意义上来看，社会保险既是促进社会的稳定器，也是旨在利用社会补偿灾害损失的补偿器，灾害保险是减灾最重要的对策之一，已为世界各国所普遍采用（胡鞍钢，1998）。新中国成立初期山东省虽然也有过通过农业保险补偿农民灾损的情形，但当时并未成为普遍的救灾制度形式。1980年中国人民保险公司山东省分公司恢复后，沿用过去行之有效的防灾防损办法，同时吸取国外防灾经验和先进技术，使人民保险的防灾防损成为社会防灾减灾工作的重要组成部分。山东省开始将农业灾害保险推行到全省。1983年，省民政厅、省保险公司联合发出了《关于积极开展农村保险工作的通知》，这是山东省民政部门把保险引入救灾工作的初步尝试。这期间的救灾保险，主要是由民政部门为无力支付保费的五保户、贫困户和优抚对象支付保险费用。1985 年，在全省推广小麦雹灾保险。1987 年，首先在淄博市的淄川区开始救灾合作保险试点。1988 年，又在烟台市的蓬莱县、青岛市的胶南县开展了救灾合作保险试点工作。三个试点县区普遍开展了对农作物、民房、福利企业、劳动力伤害等几个险种的保险试点，胶南县还开展了对大牲畜的保险[①]。据统计，1985—1989 年，全省近 6 000 万亩小麦承保面达到了 70％以上，德州、滨州的 700多万亩棉花，最多时承保面都达到了 80％以上（国务院发展研究中心，2006）。同年，省保险公司成立了"防灾防损安全技术服务中心"，为投保单位提供安全技术咨询服务和安全检查服务，并为其培训安全技术干部，同时进行防灾防损科研工作，增强了社会防灾防损能力，推动了社会防灾防损工作的开展（《山东省志·金融志》）。1994 年，山东省出台了《农村保险互助会管理办法》，采用互助会的形式，即政府推动、农民互助、保险服务的模式在 23 个试点县经营农险业务。1995 年，中央发文禁止政府参与商业保险运作，结束了计划经济下保险企业与政府的合作模式，农业保险改由保险公司按商业化模式经营。此后，全省农险规模不断萎缩，业务急剧下滑。针对这种情况，2006 年国务院下发了《关于保险业改革发展的若干意见》，给农业保险的发展创造了新的机遇。山东省农业保险试点工作也开始启动。在济南章丘、潍坊寿光、聊城临清、烟台栖霞等地分别进行了小麦、奶牛、大棚菜、苹果等保险试点，以便为农业保险的推广积累经

---

① 保险的原则是"一高两低"（即高保面、低保费、低赔付）。对农作物，一般承保五至七成，收取投保额 2％的保费；对民房保险，由投保者自定保额，承保房屋则按照实际造价的 60％～80％，收取投保额 1％～2％的保费，因灾损毁房屋每间砖瓦房的赔付最高不超过 500 元；劳动力伤害的赔付最高不超过 1 000 元。以上主要参考张国琛（2008）。

验。2007 年 9 月，山东省印发了《关于进一步扩大全省政策性农业保险试点工作的意见》（以下简称意见），启动了第二阶段的政策性农业保险试点。试点补贴品种进一步增加，由原来的 4 种增加到 11 种，小麦实行全试点统保。试点范围进一步扩大，由原来的 3 个县（市）扩大到 25 个县（市、区），覆盖全省 17 个地市。

各地依此开展农业保险工作。1985 年以来，商河县保险公司开始恢复办理农作物保险业务，对投保的农田赔付保险金（《商河县志》）。1990 年荣成市保险公司把 170 万元的理赔资金送往灾区；税务部门抓紧制订为灾区减免税的意见。1993 年，保险部门灾情理赔 203.7 万元（《荣成市志》）。1990 年东营市保险公司为河口区灾区支付保险金 5 万余元（《东营市志》）。据统计，1979—1990 年十一年间，全省各级保险公司，共参与防灾咨询、检查 27 500 次，发现隐患 84 630 处，提出整改意见 64 170 条，协助企业整改 25 000 条。省保险公司共拨付防灾费 5 135.4 万元（《山东省志·金融志》）。

5. 借贷赈济　对于灾情较轻或者经过救济有能力恢复建设的地区，省政府会通过借贷的方式予以救济，希望通过现金或实物的支持，协助灾区及时恢复经济建设。1984 临沂发放贷款 163.7 万元，其中无息贷款 90.6 万元，扶持 13 654 户开展生产自救（《临沂市志》）；1985 年济阳给灾区提供农业贷款 12 万元（《济阳县志》）；1990 年东营市为河口区灾区农业银行安排跨年度贷款 100 万元（《东营市志》）；同年，荣成市金融部门组织信贷资金 1 850 万元，帮助受灾企业恢复生产（《荣成市志》）。1993 年春，由平阴县财政局、民政局、粮食局为受灾群众安排借粮指标 500 吨，安排借给有偿还能力的灾民 3 359 户、13 436 人。每公斤借粮由政府给予 4 分仓储费补助，借粮户自己负担 2 分。为 420 户、1 681 人特困灾民买口粮 76 吨，发放救灾款 19 万元，用于灾民困难户购买口粮、治疗疾病、购置衣被和按规定为借粮户支付仓储费（《平阴县志》）。

各级相关部门还通过让利等手段，减轻灾民负担，支持灾区建设。1988 年文登县农机部门让利 40 余万元，帮助群众新购置抗旱机械 800 余台；石油供应部门先后调拨和议价购进柴油2 700 吨，支援农民抗旱（《文登县志》）。

6. 完善粮食储备库制度　粮食储备库的建立是国家粮食安全的重要保障，有助于对灾害发生后造成的损失开展及时有效的赈济。改革开放以来，山东省协助建立国家、中央储备粮库和中国家粮食储备库。

7. 运用现代科技救灾　高炮、火箭人工防雹技术。我国从 20世纪 60 年代开始实验，当时多采用自制的土炮和土火箭，到 70 年代，广泛采用"三七"高炮和现代特制火箭，方法仍然是用炮弹、火箭袭击冰雹云，以达到防雹减灾的目的。随着经济建设的发展，科技取得了重大的进步，一些高新技术运用到防雹作业中来。山东垦利县每年均遭受大风、冰雹袭击，1967—1998 共发生风雹灾害377 次（王青利等，2003），直接经济损失每年均在 5 000 万元以上。据此，1995—2000 年垦利县共计购置 9 门高炮和 1 门火箭发射系统，布设在郝家、董集、胜利、宁海、西宋、建林、垦利镇、黄河口、永安等 9 个乡镇，每个炮点安排专职炮手 3 个，设炮长 1 人，工资由各乡镇负责支付；增雨火箭发射系统全县流动作业，指挥由县气象局负责。1996 年起，开展了多次防雹增雨工作（见表 5－7）。

表 5－7　山东垦利县防雹增雨工作（1996—2002）

年份	作业次数	作业时间	作业情况、效果	年份	作业次数	作业时间	作业情况、效果
1996	25	4—10 月	防区内无雹灾	2000	27	4—10 月	防区内无雹灾
1997	18	4—10 月	防区内无雹灾	2001	29	4—10 月	防区内无雹灾
1998	23	4—10 月	防区内无雹灾	2002	20	4—10 月	防区内无雹灾
1999	27	4—10 月	防区内无雹灾	合计	169	—	

资料来源：根据《垦利县志》（垦利县地方史志编纂委员会编，中华书局，2004年）整理。

蒙阴县也开展积极的人工防雹工作，1997—2001 年开展人工影响天气作业 27 次，其中防雹作业 4 次，发射火箭 20 余枚，取得了良好的效益，这期间平均每年纯经济效益是 76.4 万元，投资效益是 27.3 倍（孙宗义，2002）。

1990 年，临朐县花 15 万元资金，购置了 9 门双"三七"高炮，并且全部配备了高炮库和防雹监测站等设施。经过 2～3 个月培训了专业兼职炮手 60 多名，短时间内就形成了一整套设施完备、队伍整齐的防雹作业体系。1991 年 6 月 13 日，通过防雹作业就减少损失 600 万公斤，价值 500 万元。据统计，截止 2001 年，潍坊市已有 8 个县市区开展了人工防雹工作。全市"双三七"高炮 88 门，火箭发射车十部（山义昌、王潇宇，2001）。

沂水县在抗旱的过程中广泛地运用了风力提水灌溉技术，即借助风力气压自控扬水，利用风力资源进行灌溉。2006 年，沂水县已有风力提水机 200 多台，分布于全县 19 个乡（镇）。由于在近些年的土地整理开发项目中，大部分农田离水源较远，扬程较高，无灌溉条件。应用风力提水灌溉技术后，可以 24 小时不间断地向高位水池扬水，零存整取，在高扬程处建一座大水池，分别向几处低扬程蓄水池供水，串联使用（李宗娟等，2008）。

（四）募捐赈灾

山东省在救灾过程中充分发扬"一方有难，八方支援"的精神，组织发动干部群众进行募捐，支援灾区生活与生产。1990 年乳山县洪涝灾害严重，农作物损失折款 7 300 万元，各级政府发动群众开展捐款互济、抗灾自救活动，全县群众个人捐款 4 万元，粮 1.8 万公斤，衣物 417 件；互助互济款 4.6 万元，粮 3.5 万公斤（《乳山县志》）。平阴县在 1991 年、1993 年、1996 年、1998 年、2001 年、2003 年共发动组织过 9 次募捐活动，捐助灾区，共募集款 147.1 万元、化肥 160 吨、衣被 48 655 件（床）、布匹 1 200 米。每次募集活动结束后，县民政局都及时将款物上交调运（《平阴县志》）。1993 莒南县先后发生干旱、病虫等多种自然灾害，当地开展了大规模的捐助活动，先后有 163 个单位捐款捐物，其中县直单位 142 个，乡（镇）21 个。捐款总额 14.5 万元，捐衣物 34 件、化肥 98 吨、水泥 30 吨、小麦 5 吨、面粉 5 吨、柴油 5 吨、钢材 10 吨，药品 440 件（《莒南县志》）。

山东在做好本地救灾救济工作的同时，还多次开展对外地灾区的救济工作。1991 年、1998 年两次针对南方地区洪涝灾害开展捐赠活动。1991 年新泰市民政局设立了接收救灾捐款办公室，并充分利用报纸、广播、电视进行了广泛的宣传发动。全市共接受救灾捐款 43 万元，其中山东电缆厂捐款 25 万元，高佐煤矿捐款 10 万元。1998 年接收捐款 117 万元、衣被 15.4 万件、食品 1 万公斤（《新泰市志》）。据张国琛（2008）统计，1988—1997 年全省向其他省份捐款合计 50 149.65 万元，其中捐赠款 16 123.11 万元，捐物折款 34 026.56 万元。1998 年之后，救灾捐赠成为应对重大自然灾害而采取的集中突击式的捐赠活动。在该年长江、嫩江和松花江流域的洪涝灾害中，共捐助 9.42 亿元，居全国之首（表 5 - 8）。

表 5 - 8 山东省对各地的灾害救助情况

支援地	救助资金（万元）	物资折款（万元）
江西	715.67	14 706.54
湖北	1 015.74	5 792.93
湖南	596.67	7 304.35
吉林	360	3 197.85
黑龙江	380	5 636.26
内蒙古	400	5 322.55
安徽	—	107.8

（续）

支援地	救助资金（万元）	物资折款（万元）
四川	—	3 982.55
重庆	—	1 034.8
新疆	—	3 308.1
新疆建设兵团	—	752.2

资料来源：根据《民政三十年（山东卷）》数据整理。

为了更好地做好捐助活动，山东各地还设立了救助物资储运中心，该方法首先在青岛试点，2000年底全省建立6处，捐助站点349个。2001年全省建立经常性的社会捐助站点873个，接收单衣383万件、棉衣219.14万件、棉被53.75万床、现金986.42万元（张国琛，2008）。

五、改革开放以来山东农业救灾的成效

改革开放以来，由于家庭联产责任承包制的推行以及众多改革措施的全力推行，山东抗灾救灾工作成效显著，自然灾害救助能力、救灾工作的规范化、救灾快速反应能力，特别是应对突发特大自然灾害的应急能力均有了较以往明显的进步。据不完全统计，1988—2005年，全省共出动军队15 325次，出动兵力146.3万人次，动用车辆、飞机、舰艇232.05万台（架、艘），紧急救援群众26万多人。全省平均每年都有1万余人次受灾害威胁的群众得到紧急转移和妥善安置。1978—2007年的30年间，全省救济口粮人口约9 930万人次，恢复重建民房203万间，救济伤病人口394万人次，救济衣被人口720万人次。灾害损失占GDP的损失呈逐年下降趋势。张国琛（2008）对山东省灾害管理的评价认为，其最大成效在于全省自然灾害应急救助体系逐步确立，它标志着山东省灾害救助体系的初步完善，使救灾工作实现了向灾害管理的转型。这一转型表现在以下几个方面：

在管理目标上，从强调减少经济损失转向以人为本；在管理内容上，从灾后救济转向全方面救助与减灾、备灾、防灾；在管理职能上，从单一职能部门转向系统预案与综合协调；在管理过程上，从封闭性转向全方面透明；在管理标准上，从经验性转向数据化、程序化、项目化；在管理手段上，从传统工作手段转向高科技装备的大量应用。

　　具体到农业救灾领域，山东省各地所取得的成果也是十分显著的。各种救灾制度效益明显。1981 年的全省特大旱灾，经过各地的积极的救济，全省 5 260 万亩小麦，尽管播种面积比上年减少了 300 万亩，但总产量仍旧达到 159.4 亿斤，比上年增产 5 亿多斤（王林，2006）。1982 年荣成旱灾后通过发展副业获得收入 6.7 万元（《荣成县志》）；1991—1995 济南历城通过以工代赈开发利用荒滩荒水 53.34 公顷，创效益 44 万元；改造中低产田 500 公顷，增产粮食 33.75 万公斤，增设房屋院落 300 座，硬化房台路 3 600 米，架设供电线路 6.8 公里，新建 459 千伏变电站，配套桥梁 40 多座，修路 14 公里，使灾区人民的生产、生活水平得到提高（《历城区志》）。农业保险方面，到 1996 年底，三个试点单位累计上级拨款 519 万元（包括垫底资金 210 万元），农民及福利企业投保金额 8 亿多元，收取保费 262.5 万元，资金存入银行利息收入 50 万元，理赔支付 559 万元，非理赔支出（包括管理费、业务费等）176 万元，结余资金 100 万元（张国琛，2008）。2001 年曲阜霜灾后，通过品种选择、耕种管理等科技手段，将灾害损失降到了最低限度，挽回小麦 1 292 万公斤（陈振东等，2002）。2008—2009 小麦生产年度，山东省遭遇了秋冬连旱和严重的倒春寒等自然灾害，山东省开展"万名科技人员抗旱保春活动"，大力推广广适性品种及其配套技术，全省小麦良种覆盖率达到 99％以上，统一供种率达到 78％，同比增加 3 个百分点；机播面积 4 982 万亩，占 94％以上，同比增加 2 个百分点；精播半精播面积 3 519 万亩，占 66％，同比增加 3 个百分点；种子包衣面积 4 017 万亩，占 75.6%，同比增加 5 个百分点。小麦总产预计达到 410 亿斤，较 2007—2008 小麦生产年度增产 0.74%（王法宏，2009）。

农业保险在救灾方面也发挥着重要的作用。栖霞市自 2007 年 3 月投保日起至 2007 年 9 月 30 日，共遭受冰雹、龙卷风、暴风袭击的灾害 5 次，有 663 户果农的 1 186.3 亩苹果遭受不同程度的损失，保险公司共发生理赔支出 66 万元。自 2007 年 11 月投保日起到 2008 年 7 月为止，先后遭受冰雹袭击二次，受灾农户 4 347 户。受灾面积达 8 939.72 亩，保险公司共发生理赔支出 375.6 万元，而受灾农户上交保费不到 54 万元，效果显著（房培宏、冯关中，2008）。

改革开放以来山东通过以工代赈、合作制、股份制等形式，积极推进水利建设。截至 2006 年底，山东省有大型水库 32 座、中型水库 137 座、小型水库 5 399 座，加固新修水库 1 040 座、塘坝 3 349 座、新打机井 49 501 眼，修复水毁工程 5 167 项，采取户办、联户办、股份合作制等形式新建水利工程 9 437 项。2005 年以来，全省农业节水灌溉投入资金达 9.4 亿元，实施了 48 处大型灌区续建配套改造项目和 88 个国家和省节水灌溉示范项目。改革开放三十年，山东省已建成河道提防 7 898 公里，各种拦河闸坝 4 000 余座，保护人口 4 496 万人，保护耕地 4 912 万亩。2008 年有效灌溉面积达到 7 286.2 万亩，较上年增长 0.4%。有效灌溉面积的增加有利于抗旱事业的发展。根据 1979—2007 年山东省有效灌溉面积与旱灾成灾面积、受灾面积相关数据所做相关系数统计，相关度分别为 −0.261 和 −0.412 74，说明灌溉面积的增加有利于降低旱灾造成的农作物损失。

据陆考平（1993）的统计，截止 1987 年，山东省通过农田水利建设所取得的经济总效益为 979.51 亿元，居于江苏、湖北之后的第三位；灌溉、除涝、水保增产粮食为 13 650 万吨，居

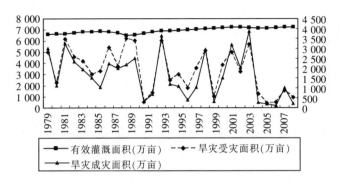

图 5-5　山东省有效灌溉面积与旱灾受灾
成灾面积变化（1979—2007）

第四位；灌溉经济效益为 408.08 亿元、人畜饮水效益为 24.13
亿元，均居第二位；水利工程总投入 230.15 亿元、水土保护效
益为 197.93 亿元、劳力投入折资 154.55 亿元，均居首位。黄河
流域 1975—1979 年的防洪效益总计 1 715 888 万元，年均效益
343 177 万元；1980—1985 年防洪效益总计 2 192 152 万元，年
均效益 365 358 万元。山东菏泽等五市，引黄水量从 1969 年的
6.66 亿立方米，增加到 80 亿立方米；灌溉面积由 580 万亩扩展
到 988 万亩（徐海亮，2000）。

　　农业科技的使用对于加大防汛抗旱的效率作用明显。为了抵
御灾害，山东省大力开展良种推广与种植工作，在种植（包括
粮、棉、蔬菜、水果等）、养殖等农业种苗使用问题上加快良种
化进程。山东农业优势的形成与良种的推广密切相关（高焕喜，
2008）。从 2001 年开始，在全省组织开展了以玉米收获、花生薯
类收获、牧草生产、设施农业、旱作农业、保护性耕作、农产品
加工、农用航空为主要内容的八大农机化创新示范工程，使农业
机械化水平大幅度提高（郭振宗，2009）。截至 2008 年，山东省
农机总动力 1.01 亿千瓦、比改革开放前增长 8.3 倍，亩均拥有
动力由 0.1 千瓦提高到 1.07 千瓦；农机总值达到 575 亿元、增

表 5－9　山东省农业机械拥有量变化（1979—2007）

年份	农业机械总动力（万千瓦）	家用排灌机械动力（万千瓦）	大中型拖拉机（万台）	小型拖拉机（万台）	农用汽车（万辆）	联合收割机（万台）	农用机动三轮车（万辆）
1979	1 244.8	659.7	9.8	9.6	0.43	0.014 8	0.05
1980	1 371.8	678.8	11.5	11.2	0.71	0.019 1	0.06
1981	1 528	724.1	12.5	12.6	1.07	0.017 2	0.07
1982	1 673.9	785.7	13.1	13.4	1.43	0.018 4	0.07
1983	1 910.2	890.1	13.5	15.9	2.06	0.015 9	0.1
1984	2 108	951	13.6	20	2.71	0.012 6	0.34
1985	2 300.6	982.8	13.4	24.8	3.42	0.019 5	0.81
1986	2 538.4	1 022.7	13.6	32.1	4.02	0.037 2	1.44
1987	2 735.6	1 082.8	13.4	38.2	4.38	0.043 3	2.38
1988	2 960.2	1 154.9	12.8	45.2	4.59	0.050 8	3.6
1989	3 163	1 250.1	12.44	50.11	4.79	0.056 1	5.01
1990	3 215.8	1 309.6	11.39	52.62	4.65	0.071	7.21
1991	3 304.7	134.85	10.8	55.62	4.16	0.1	11.18
1992	3 374.7	1 357.8	10.44	57.76	4.54	0.18	12.3
1993	3 517.9	1 412.6	10.24	61.18	4.82	0.21	16.2

（续）

年份	农业机械总动力（万千瓦）	家用排灌机械动力（万千瓦）	大中型拖拉机（万台）	小型拖拉机（万台）	农用汽车（万辆）	联合收割机（万台）	农用机动三轮车（万辆）
1994	3 756.4	1 459	10.31	64.19	5.42	0.29	23.87
1995	4 016.5	1 483.3	10.09	66.84	5.98	0.42	35.99
1996	4 308.9	1 528.8	10.26	71.67	7.12	0.79	48.97
1997	4 763.6	1 646.3	10.63	85.02	7.62	1.77	63.58
1998	5 228.3	1 701.4	11.35	98.73	8.31	2.82	80.14
1999	6 096.6	1 879	12.97	124.61	9.5	4.24	107.69
2000	7 025.2	1 976.3	14.05	144.27	10.21	5.16	150.15
2001	7 689.6	2 121.1	15.79	155.38	11.18	5.57	166.61
2002	8 155.6	2 183.4	17.29	157.73	11.42	6.2	182.44
2003	8 336.74	2 026.2	18.86	164.16	11.65	6.87	193.01
2004	8 751.87	2 034.8	21.18	176.01	12.11	7.3	205.94
2005	9 199.3	2 062.1	22.79	182.73	13.09	8.16	217.63
2006	9 555.3	2 081.4	25.16	183.97	13.26	9.72	219.75
2007	9 917.3	2 059.3	28.84	193.1	14.23	11.05	222.11

资料来源：山东农业信息网，http://www.sdny.gov.cn/art/2009/1/4/art_51_157645.html。

长 28 倍；拖拉机 370 万台，增长 22.9 倍，万亩耕地拥有拖拉机由 14 台提高到 390 台；农作物耕种收综合机械化水平由 25.8% 提高到 62.2%，其中粮食作物耕种收综合机械化水平 72.9%；农机服务总产值、增加值大幅度增长，分别达到 362.2 亿元和 228 亿元。

农业领域救灾成效的取得与家庭联产责任承包制的推行有关。1981 年 4 月 21 日省政府在关于搞好抗旱保麦、抗旱保春播的通知中，就要求把加强和完善各种形式的生产责任制作为抗旱"双保"的关键来抓。王林（2006）的研究指出，菏泽、聊城、兖州等地均通过责任制的推行调动了农民的生产积极性，成为抗旱胜利的关键因素。据统计，全省 164 573 个植棉核算单位中，全部实行生产责任制，其中实行联产到劳、到户的占 92%。同时，生产责任制也促进了农田水利建设。

六、改革开放以来山东省农业救灾制度存在的问题

改革开放以来山东省救灾事业获得了长远的发展，各项救灾成效明显，但受制度和习俗传统等因素的影响，其中也暴露出来不少的问题，比如救灾中的寻租现象始终存在[①]，这种现象可以通过加大监察力度来降低危害。但一些制度性的缺失却是亟待完善的。

（一）农民对农业保险认识淡薄，参与力度不大

农业保险是一个新型的救灾制度，对于灾害频发现象严重，以农业产业为主的山东而言，这一制度是极为有效的和迫切需要

---

① 根据审计署驻沈阳办 2007 年对山东省 2005—2006 年救灾资金进行的专项审计调查，发现的部分市、县、乡存在挤占挪用救灾资金，资金拨付不及时、使用效益不高、一些地方政府财政资金投入不足，以及管理不规范、制度不完善等问题。http://www.audit.gov.cn/n1057/n1072/n258889/1095773.html

的。但这种制度虽然在西方国家得到普遍应用，并效果明显（吴扬，2006；吕春生等，2009），但对中国的农民而言，却普遍认识不足，农业保险业务逐年减少。根据张维、胡继连（2008）所做的针对山东省400户农民的问卷调查，"农民农户最担心的风险"中自然灾害23.19%，"农户认为农业生产的最大风险"中自然风险44.59%；"农户面对风险的规避防范措施"中的排序为：多储蓄存钱 39.66%、农业保险 19.83%、听天由命18.13%、政府救济12.72%、借款或贷款9.66%。"农业保险"与"听天由命"所占频率相差无几，反映大部分农户对农业保险分散自然风险的作用认识不高，保险意识薄弱。在"农户所在区域农业自然灾害最有效的防范措施"中，农业基础设施建设37.62%、村民互助14.52%、政府主导的病虫害和畜禽疫病防治措施13.81%、自己想办法12.62%、政府发布灾害预警11.19%、保险措施10.24%。可见，大部分农户面对自然灾害的心态是"一靠政府、二靠自己、三靠保险"，农业保险是最后选择的自然灾害防范措施。对农民而言，尚需大力开展农业保险对于救灾重要意义的宣传教育。

根据一些研究报告，山东省农业保险存在的问题可以分为内部和外部两个方面。表现在政策支持不到位、法律不完善、农民参保意识淡薄、保险公司对开展农业保险态度不够积极等方面（山东农业信息网，2007）。这些亟须政府采取制度予以完善。

（二）现行灾害应急管理制度存在缺失——以 2008—2009 年山东大旱为中心

从 2008—2009 年山东省旱灾应急机制的运行看，虽然在缓解灾情方面起到很大作用，但也暴露出不少问题，表现在：

其一，应急系统运行滞缓。旱情从 2008 年十月份就开始发生，但在近 4 个月的时间内，旱情才从少水、干旱，变成"历史罕见"。直至 2009 年年初才作出旱灾的预警，各地由此开始灾害的应急，延误了救灾的时间。

其二，部门间缺乏有效的沟通。《国家自然灾害救助应急预案》将"部门密切配合，分工协作，各司其职，各尽其责"规定为"工作原则"之一，并专门规定了"灾害信息共享"。但从旱灾的救济看，部分部门之间缺乏救灾主动性，待中央政府的政策下来才采取救灾措施。

其三，缺乏常规性防灾准备。从本次旱灾看，农村水利的日久失修是导致旱灾蔓延的重要因素之一。1949—1978 年，灌溉面积从 1949 年的 2.4 亿亩增加到 1978 年的 7.3 亿亩，增加了 5 亿亩（增幅超过 200%）。同时，修建各类水库 8.6 万多座。在 1978—2008 年，农田灌溉面积从 7.3 亿亩增加到 8.67 亿亩，只增加了 1.37 亿亩（增幅 19%）。同期只建设各类水库 800 多座（主要用于发电，徐开斌，2009）。数据显示，最近 30 年来水利建设上滞缓严重。而且，原来建好的灌溉系统和水库由于缺乏资金投入、失去管理而出现严重荒废，导致灌溉能力大大减弱，没能充分发挥其涝季蓄水、旱季供水的功能。

具体到山东，改革开放后，水利投入锐减。水利基建投资占全省基建投资的比重逐年降低，"一五"占 8.7%，"二五"占 15.35%，"三五"占 14.15%，"四五"占 8.55%，"五五"占 5.41%，"六五"占 1.22%，"七五"占 0.59%，"八五"占 0.52%。目前，全省大部分农田水利工程已运行了二三十年，由于缺少资金来源，不能及时更新改造，大大落后于其他基础产业，如 1979—1992 年 13 年间，电力增长 9.51 倍，邮电增长 10.87 倍，交通增长 10.61 倍，而水利仅增长 1.67 倍。以至于工程老化严重，效益减退，限制了水利工程建设和节水技术的推广（张志贵等，2008）。山东省有效灌溉面积也是增长缓慢（图 5-6）。

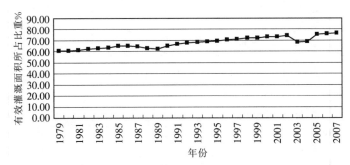

图 5-6 山东省有效灌溉面积占耕地面积比重变化

资料来源：根据历年《山东统计年鉴》计算整理。

（三）现行应急机制出现问题的原因

虽然我国应急管理制度逐步完善，形成了一套较为完整的运行体系，但是实际运行中仍旧出现了种种问题，这些问题不仅仅是山东的问题，在全国也普遍存在，具体表现为：

第一，缺乏统一的自然灾害应急预报系统和管理机构。《中华人民共和国突发事件应对法》专门规定了突发事件的检测与预警制度，该法第 42 条明确规定："国家建立健全突发事件预警制度"，要求建立一个统一的突发事件（包括自然灾害）预警系统。但由于我国自然灾害种类繁多，灾情信息长期分散于各部、局、省、市、自治区，主管灾害的专业部门，如气象局、地震局、水利部、国土资源部、农业部都各自建有内部的信息网络系统，虽然有些已经开展了部分的信息交流，但由于条块分割，使得一般政府官员、社会公众无法了解一个地区、一个城市的灾害总况（王学栋、张玉平，2005）。这对于国家制定统一的减灾国策、立法、管理、经济、建设、教育、军工等等方面都是一个根本性的缺陷。

第二，各级应急预案缺乏演练。虽然我国各级各部门制订了多种预案体系，但是实际演练不足，配合协调性仍待加强；应急

表 5-10 近年来（1991—2006）国家救灾支出与财政支出关系

单位：亿元，%

年份	国家财政支出	抚恤和社会福利支出	救灾支出	直接经济损失	国家救灾占损失比重	救灾支出增长速度	救灾支出占财政支出比例/%
1991	3 386.62	67.32	22.51	1 215	1.85	68.86	0.66
1992	3 742.20	66.45	15.89	854	1.86	-29.40	0.42
1993	4 642.30	75.27	15.40	993	1.55	-3.00	0.33
1994	5 792.62	95.14	19.42	1 876	1.03	26.10	0.34
1995	6 823.72	115.46	27.27	1 863	1.46	40.42	0.40
1996	7 937.55	128.03	39.06	2 882	1.35	43.23	0.49
1997	9 233.56	142.14	34.51	1 975	1.74	-11.64	0.37
1998	10 798.18	171.26	52.32	3 007	1.73	51.61	0.48
1999	13 187.67	179.88	34.05	1 962	1.73	-34.91	0.26
2000	15 886.50	213.03	28.73	2 031	1.41	-15.62	0.18
2001	18 902.58	266.68	35.17	1 942	1.81	22.41	0.19
2002	22 053.15	372.97	32.93	1 717	1.91	-6.36	0.15
2003	24 649.95	498.82	55.71	1 884	2.95	69.17	0.23
2004	28 486.89	563.46	49.04	1 602	3.06	-11.97	0.17
2005	33 930.28	716.39	62.97	2 042	3.08	28.40	0.19

数据来源：根据历年《中国统计年鉴》相关数据整理。

预案的演练不足也导致部分人缺乏灾害应急的意识，面对灾情往往不知所措。

第三，救灾财政投入不足。新中国成立后，中国救灾投入所占比重较低。根据我国的统计资料显示，1978 年以前，这种投入基本在 1％。然而近年来，国家财政支出虽然逐年增加，但救灾支出所占比例变动的幅度却呈下降趋势，特别是 2000 年以来，基本维持在 0.20％以下，仅 2003 年因"非典"的发生投入的比例超过 0.20％，为 0.23％。国家救灾占损失的比重也仅仅维持在 2％～3％之间（表 5 - 10），对于不断增加的灾情影响有限，导致部分地方出现小灾不救、大灾小救等问题。

山东的趋势也是递减，1979 年以来救灾款占地区生产总值的比例多在 0.1％之下，仅 1982 年为 0.13％（图 5 - 7）。

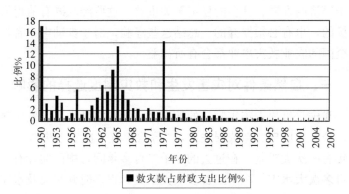

图 5 - 7　山东省救灾款占财政支出比例变化趋势图（1950—2007）
资料来源：根据历年《山东统计年鉴》计算整理。

第六章

农业救灾制度演变的经验

新中国成立 60 年山东农业救灾史发展的经验表明，山东省救灾方针、救灾机构、救灾制度虽然受到若干因素的左右，产生了变化；但大多数实际有效的制度得以继承发扬（表 6-1）。实践证明，这些制度都是行之有效的丰富救灾经验，正是这些制度保证了山东省经济社会的平稳发展。可见，完善有效的救灾制度对于经济的发展、社会的稳定至关重要。这些经验既有值得借鉴发扬的，也有必须摒弃的。总结这些经验，对于推动山东省，乃至全国的农业救灾事业都会有所裨益。

一、自然条件对灾害发生和救灾制度选择的影响

我国是世界上灾害频发的地区之一，灾害种类多、发生频率高、分布地区广、造成损失大，"每六年有一次农业失收，每十二年有一次大饥荒。在过去的二千二百多年间，中国共计有一千六百多次大水灾，一千三百多次大旱灾，很多时候旱灾及水灾在不同地区同时出现"（李约瑟，1974）。中国 70％以上的大城市、半数以上人口、75％的工农业产值，分布在气象、地震、地质和海洋等灾害严重的地区，灾害对社会经济发展的制约非常严重（顾瑞珍，2005）。灾害的多发与自然条件关系密切。

山东省频繁多样的灾害正是由于在地理位置、气候变化、降水量变动等诸多方面存在致灾的诱因，才使该地成为灾害的多发区。整个中国同样如此，地跨热带、亚热带、温带和寒带，西踞高原，东濒大洋，天气系统复杂多变，处于亚欧板块、太平洋板

表6-1　山东省救灾制度演变对比表

时间	救灾机构	救灾方针	救灾制度
1949—1957	生产救灾委员会 黄河防汛指挥部 防汛委员会	1950年提出"生产自救、节约度荒，群众互助，以工代赈，并辅之以必要的救济"的救灾方针 1953年修改为"生产自救、节约度荒，群众互助，并辅以政府必要救济"	完善勘灾报灾制度 生产自救、发展副业 国家赈济（赈济钱物，蠲免赋税，以工代赈（水利兴修、运输粮食等物资、建设道路、建筑等工程） 安置灾民、组织移民 开展社会互助（节约捐输、自由借贷、互助生产、吸取传统经验、建立义仓制度、医治疫病） 组织军队参与救灾
1958—1978	生产救灾指挥部 主管救灾工作的内务部被撤销，救灾工作由中央农业委员会、农业部和财政部等部门分散管理 生产救灾指挥部被解散，救灾工作先后由省委员会生产指挥部内务办公室、"山东省革命委员会"民政局，省民政厅管理 山东省"革命委员会"地震局	1963年提出"依靠群众，依靠集体力量，生产自救为主，辅之于国家必要的救济，这是救灾工作历来采取的必要方针"	"代食品"运动 生产救灾全面展开（推进副业生产、抢种、抢收、保设施、以工代赈、兴建水利工程） 开展国家救济（赈济钱物，蠲免赋税，发放贷款、促进生产、派遣驻地、专家组参与救灾、提高农业技术装备水平、顾全大局，应急处置、妥善安置灾民、地方对灾区的互助互济）

（续）

时间	救灾机构	救灾方针	救灾制度
1979—2009	2007年成立山东省减灾委员会，作为全省灾害管理的综合协调机构	1983年第八次全国民政工作会议确定了"依靠群众、依靠集体、生产自救、互助互济、辅之以国家必要的救济和扶持"的新方针 2006年11月23—24日，国务院召开了第12次全国民政会议，确立了"政府主导、分级管理、社会互助、生产自救"的救灾工作方针	报灾勘灾技术更加科技化、系统化 防灾制度日渐完善（救灾物资储备库建立、灾害应急预案体系逐步建立完善、大力推行防灾工程建设） 变革救灾款项发放方式 确立了救灾与扶贫结合的重要思路转变 建立救灾扶贫储金会与灾民救灾制度 继续完善生产救灾制度 抢救保护灾民的生命财产；积极开展国家赈济（救灾款赈济、实物赈济、蠲免税收、全面推行农业灾害保险、借贷赈济、完善粮食储备库制度、运用现代科技救灾） 募捐赈灾

块、印度洋板块三大板块交接处，地壳活动频繁造成；境内有世界屋脊——青藏高原，有崎岖的山地、群山环绕的盆地、广袤无垠的平原，有长江、黄河这样世界著名的大河，这为各类灾害的发生准备了条件。胡鞍钢（1997）认为极其复杂的自然生态地理环境是中国成为多灾大国的重要原因之一。王静爱等（2006）将自然灾害孕育范围划分为大气圈、水圈、岩石圈和生物圈等孕灾环境，各个圈层内部的不稳定性和各圈层之间的相互作用成为形成中国自然灾害的重要原因。

英国著名历史学家汤因比（Arnold Joseph Toynbee，1959中文版）在论及中国灾害频发的原因时曾分析道："人类在这里所要应付的自然环境的挑战要比两河流域和尼罗河的挑战严重得多。人们把它变成古代中国文明摇篮地方的这一片原野，除了有沼泽、丛林和洪水的灾难之外，还有更大得多的气候上的灾难，它不断在夏季的酷热和冬季的严寒之间变换。"法兰西学院院士法国学者魏丕信（Pierre-Etienne Will，2003中文版）也是如是分析："中国大陆的特征是，在气候、水资源，以及由此决定的农业生产方面具有高度的不确定性，季风的无规律性，主要河水流量的突然变动，这些河流上游盆地的侵蚀，以及随之而来的淤积和洪水，靠近干燥不毛的沙漠地区，所有这些都是造成不确定的因素。相比之下，欧洲温和、良好的气候无疑是相当有利的。"可见，多变的地理环境因素造就了中国"饥荒的国度"（Mallory，1926）之称呼，饥荒在许多西方学者眼中成为中国的"特色"，也成为众多研究者关注的对象。既使众多学者对于以1959—1961年三年灾荒存在着种种揣测与非议，但也不能否定自然灾害和自然条件对于这段困难时期形成的重要作用（李若建，2000）。

由于所处区域的不同，各地主要致灾灾种也有所差别。总体而言，北方旱灾居多，南方则是旱涝灾害均有发生。灾害的发生具有群发性和伴发性的特征，王国敏等（2007）指出，这一特征的形成是由复杂多样的自然生态条件和农业自然环境脆弱所致，占国土面积46％的东部由于季风气候的盛行，使我国常发生大面积的旱涝灾害；占全国陆地面积55％的西北部和青藏高寒区气候寒冷、雨量稀少，是旱灾半旱灾的多发地；背部则雨量分布均为不均，极易发生雨涝灾害；南部则高山丘陵地形复杂，降水不均，旱灾频发。各地主要致灾灾种的不同，决定了主要的防灾救灾制度也应有所差异。

必须明确的是，自然灾害是不可避免的一种现象，如何应对就成为一个重要的课题。在中国传统社会由于科技不甚昌明，存在着一些企图完全彻底消灭灾害的想法，这些被称之为"禳灾"或"弭灾"的行为是"天人感应"的观念作祟（阎守诚，2008），在当今社会中仍旧存在，比如甘肃天水地区就形成一套较为完善的禳灾体系，被民俗学者称之为"天人之际的非常对话"（安德明，2003）。毋庸置疑，绝大部分制度随着科技的发展、社会的进步而消失，或者作为一种民俗保存下来，但是在一些地区，特别是落后地区、农村地区，作为一种非科学行为仍旧有其生存的土壤，并在社会中产生较大负面影响。特别是随着近些年灾害的增多，面对灾害造成的巨大损失，部分人心态中存在"听天由命"的观念，祈禳行为纷嚣尘上，成为影响社会安定的因素之一，这是必须予以警惕的。只有完善、充分的救灾制度才能将其消灭于萌芽之中。

正是由于自然灾害的不可抗性，如何正确应对，选择适合的救灾制度就成为一项重要的挑战。淮北地区由于不断遭受旱涝灾害的影响，环境艰难而不稳定，形成了两种生存模式，一种是掠夺性策略，另一种是防御性策略。这两种模式是民间自发的救灾制度形式。它们作为获得和占有稀缺资源的方法而同时存在，是能被村民用来最大化获取利益同时又最小化避免风险的合理方式。这种因持续灾害而引发的活动，是此地成为中国革命起源地的源头之一（裴宜理，2007）。类似的境况也发生鲁西北地区，由于该地涝灾和盐碱地问题严重，黄河泛滥频繁，成为义和团起义的故乡（周锡瑞，1998）。斯科特（2001）的阐释证明，农民通过反抗来获取生存的权力不单是中国的现象，也是东南亚地区农民的选择。但需要注意的是，这种反叛的发生往往是因为救灾制度的缺失或者是运行体制的不完善导致的。根据一份对唐代农民抗争与朝代盛衰情况所做的统计，王朝盛世往往由于经济繁荣、政治清明而较少面临动乱的冲击，反之，唐代后期则动乱频发（李军，2007）。这一论断甚至可以获得现代科技的支持（Haug，2007）。邓拓（1998）认为汉、唐、明、清等朝代的灭亡与灾害密切相关。

受制于多变的自然条件，中国"天灾流行，国家代有"。为减轻灾害对经济的破坏，历朝历代在实践中逐渐整理出一套适应客观情况的救灾制度。自从产生了社会组织和国家以后，减灾就成了一种社会行为，人类除避灾外，还兴建了大量防灾工程。随着社会不断发展，人类减灾的途径和方法不断丰富，这些制度集中体现在南宋董煟所编撰的《救荒活民书》中。许多制度如灾害的及时赈济、蠲免赋税、以工代赈、仓储制度等等被证明是行之有效的；与以往所理解的被动的行政救灾模式不同，两宋以后开始逐渐增加了市场化运作救灾和社会化救灾的内容，至清代的时候达到救灾制度的鼎盛（张文，2003；倪玉平，2002）。有些制度即使在当今社会也普遍存在，因为它们适应了客观的自然条件，它们的建立能够突破这种不利条件的束缚。比如仓储制度，由于我国幅员辽阔，人口众多，各个地区自然条件大不相同，灾害发生的规模和频率都有较大差别，通过仓储制度的建立，一是物资储备可以在最短的时间内运送到灾区第一线；二是可以运转有序、避免混乱；三是可以提高物资的使用效率；四是可以降低抗灾救灾的成本（郝继明，2008）。再如水利建设，更是改造和利用自然条件的有力措施，通过水利防汛抗旱是自大禹治水而来就被证明有效的制度形式，而由此形成的集体合力更是被一些研究者视为统一帝国形成的重要原因（魏特夫，1989）。新中国成立后建设的各种水利工程，有效地、能动地适应了自然条件的变化，在救灾事业中成效显著。新中国成立以来，全国累计建成江河堤防28万公里，兴建水库8.5万座，总库容6 345亿立方米，初步控制了大江大河常遇洪水；水利工程年供水能力达到6 591亿立方米，人均综合用水量从新中国成立之初的不足200立方米增加到458立方米。特别是农田水利事业快速发展，为保障国家粮食安全作出了突出贡献。目前，占全国耕地面积46%的灌溉面积生产了全国75%以上的粮食、90%以上的经济作物（陈雷，2009）。再如随着国内外交流的日益广泛，明中叶后一些来自于美洲的粮食作物纷纷传入中国，在遭灾地区、边远山区、贫瘠地区的土地上获得了较好的收益，产量显著，成为救灾的重要资源，至今仍发挥着重要作用（李军，2008）。

从另一方面看，不适应自然条件的救灾制度在社会的发展过程中或者逐渐被淘汰，比如灾害的祈禳，与实际毫无意义，它的消亡是历史的必然；或者经过不断的改造适应了新自然条件的需要而得以保存。但需要注意的是，人类对于灾害的改造往往具有双重性，一方面人类通过防灾抗灾，在一定程度上减轻了自然灾害；另一方面人类的活动却会自觉或不自觉的破坏自然环境，加剧或直接造成某些自然灾害，或成为新灾害的诱发因素。比如美洲粮食作物的引进，虽然大大增加了灾害救济的力度，但其对水土的破坏也不容小觑，成为一些地区，特别是贫困地区灾害常发的主要原因之一（李军，2008）。恩格斯曾经说过一段流传甚广的哲言："不要过分陶醉于我们对自然界的胜利。对于每一次这样的胜利，自然界都报复了我们。每一次胜利，在第一步都确实取得我们预想的结果，但是在第二步和第三步却有了完全不同的出乎预料的影响，常常把第一个结果又取消了。""大跃进"的惨痛教训历历在目。在救灾的过程中，必须适应客观条件需要，必须坚持可持续发展的战略，不能因为救灾而又埋下了灾患再生的种子。

二、国家和地方政府财力对农业救灾效果的影响

经济实力变动与国家的灾害救济活动紧密相关，这是近些年部分学者对历史时期救灾活动的研究总结出的规律。具体到山东地区，由于受政府财政能力变化的影响，清代山东荒政呈不断衰退的趋势。造成荒政衰退的原因很多，主要还是整个社会经济的衰退。清代前期，社会经济上升，政府财政收入多，救灾投入多，救灾效果也较好；清代后期，随着社会经济脆弱程度的加剧，政府的财政收入状况不断恶化，自然灾害发生后政府往往无力救助，救灾的时效性大不如前（孙百亮、梁飞，2008）。

新中国成立之后的山东省农业救灾的事实证明，政府对农业的抗灾投入水平与减灾效果密切相关。从前文对山东省各个时期救灾款的投入看，力度是很大的。从1950—2007年，总计投入救灾款338 535.5万元，年均5 836.82万元。而且从总的波动趋势看，其投入额随着灾情变化而有所差别。但从总的投入看，以1950—1957年、1958—1978年、1979—2007年为划分区间，三段时期年均投入额分别为1 165.5万元、4 224.91万元、8 292.71万元，呈逐年增加趋势。以十年为期，2000年之前每十年的投入额分别是13 894万元、56 191万元、30 317万元、37 345.5万元、85 928万元，而2000—2007年的投入为114 860万元，也呈增加趋势。以水利投入为例，从1949年的241万元增加到2000年的681 900万元，50年间增幅比例达到99.96%。

虽然救灾款总额呈现增加趋势，但与山东省GDP、财政支出相比，却呈现逐年递减趋势（图6-1）。这一正反相关现象说明，随着国民经济的发展，救灾资金的投入已经不是地区的重要负担，处于防灾的考虑，政府应当适当加大对灾害预防与救济的投入。

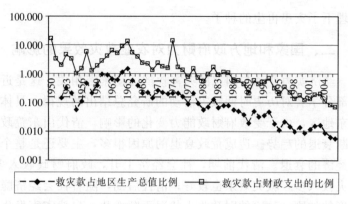

图 6-1　山东省救灾款占 GDP、财政支出比重变化图

与这一需要相悖的是，中央与地方虽然经过了财政的改革，但二者对救灾的投入却与实际收入不相符合，各地对中央的依赖过深。从山东省的情况看，国家对救灾的投入占据的比重较本地投入的多。如图 6-2。孙绍骋（2004）指出："随着改革开放的进行，地方政府的收入逐渐增加，已经在总量上超过中央政府的收入，但是它作为救灾活动的直接受益方，却只承担了救灾款项的一小部分，剩余部分由中央政府承担。"因此，"中央政府投入

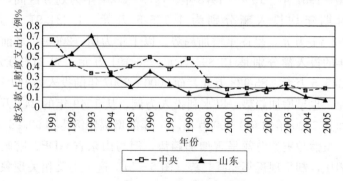

图 6-2　国家与山东省救灾款占财政支出

比重对比图（1991—2005）

资料来源：《中国统计年鉴（2008）》、《山东统计年鉴》（2008）。

相对较多，地方政府则显得投入严重不足。"产生这种现象的最主要原因在于中央与地方在救灾上的责权划分不清，这应成为下一阶段的改革重点。

　　新中国成立以来随着救灾款额的增加，山东省救灾的效果也是较为显著的。从粮食产量看，1950—2007 年山东省救灾款的投入量与粮食产量之间呈现正相关，两者的相关系数为 0.603。从救灾款数与农业生产总值的变化看，救灾款的增加对于生产总值的提高也是十分明显的，两者的相关系数为 0.78。三者的对比如图 6 - 3。

图 6 - 3　山东省救灾款投入与粮食产量、农业总产值
对比变动图（1950—2007）

资料来源：历年《山东统计年鉴》。

　　从山东省救灾的几个时期看，新中国成立初期由于经过长期的战乱，农民生活困顿，面对灾害难以实现自救，政府大量的救灾投入对国民经济的恢复作用明显，水利工程等防灾救灾设施的

表 6-2 全国抗旱投入收益表（1991—2000）

年份	有抗旱投入时粮食减产量（亿公斤）a	抗旱投入挽回产量（亿公斤）b	无抗旱投入可能造成的旱灾粮食减产量（亿公斤）c=a+b	有抗旱投入时旱灾经济损失（亿元）d=a*f	无抗旱收入可能造成的损失（亿元）e=c*f	粮食价格（元/公斤）f
1991	118	157	275	148.58	346.2	1.259
1992	209.7	269.9	479.6	262.96	601.4	1.254
1993	111.8	214	326.2	144.78	422.4	1.295
1994	262	170	532	384.62	781	1.468
1995	230	280	510	344.54	764	1.498
1996	98	400	498	141.81	721.61	1.447
1997	476	590	1 066	641.65	1 437	1.348
1998	127	226	353	159.13	442.3	1.253
1999	333	398	731	371.79	816.2	1.117
2000	599.6	710	1 309.6	645.77	1 410.4	1.077

资料来源：刘颖秋、宋建军、张庆杰：《干旱灾害对我国经济的影响研究》，中国水利水电出版社，2005年，23页。

建设都取得了丰硕的成果；人民公社时期虽然政府仍旧重视救灾投入，但由于"文革"的干扰，在20世纪60年代中后期到70年代前期救灾投入下降明显，这一时期的救灾效果由于受到政治影响，相应的防汛抗旱工程进展缓慢；1979年改革开放以来，救灾款的大量投入为经济的飞速发展奠定了坚实的基础，促进了山东省各项防灾救灾事业的发展。

同样的事实表明，国家对救灾的投入也会取得较高的回报率。20世纪90年代，全国对抗旱投入资金合计398.5亿元，挽回粮食损失3 500亿公斤、经济损失3 545亿元，挽回的损失约占投入的9倍。这充分反映了政府对农业救灾的投入是有效率的，是有较高回报率的。20世纪90年代全国年度抗旱效果如表6-2、图6-4所示。反之，胡鞍钢（1997）指出，1981—1990年，全国灌溉面积保有量净减282.9万公顷，由于水利工程效益的衰减，其抵御干旱、洪涝灾害等自然灾害的作用也降低。前副总理田纪云（1989）曾撰文指出："我国粮食生产近几年一直上不去，原因是多方面的。从客观上来讲，水旱灾害的困扰是一个原因；从主观上看，也与一度忽视农田水利建设有关。'六五'计划以来，对水利投入大量减少，以致工程老化、失修现象十分严重。"可见，投入与收益是成正比的。

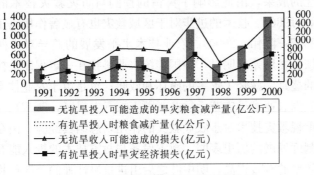

图6-4 全国抗旱投入有无情况对比图

从全国的情况看，有无抗旱投入对于减灾效果的意义大不一样。但减灾救灾是一项系统的过程，不可能完全依靠中央政府的投入，地方的相应支出也十分重要。特别是在1980年财政改革后，救灾款逐步实现了分级管理，部分省、区如甘肃、宁夏、贵州、青海、西藏、新疆等还实行了救灾经费包干，使地方政府的责任更大。

三、救灾设备、救灾技术对救灾效果的影响

技术是人类在认识自然和改造自然的反复实践中积累起来的经验和知识，它对于中国经济进步的影响是不言而喻的，特别是明中叶之前，它成为中国领先世界的主要原因（李约瑟，1975；乔基尔，2008）。农业科技在古代中国科技体系中居于显著地位，春秋战国时期，以铁器牛耕为生产力标志的传统农业奠立了传统社会发展的基础；北方以耕耙耱为中心的抗旱保墒农业技术体系和南方以耕耙耖耘耥为中心的水田作业技术体系组成中国农业技术的完成系统，推动了中国农业全面的发展。同样，技术对于农业救灾制度也效果明显。自然灾害的发生，既是对科学的挑战，也是推动科技发展进步的一种动力。明清时期的农业技术备荒措施即取得了较好的效果（叶依能，1997），但这些技术多是继承了以往的成果，由此影响了灾情的预测与防灾救灾技术的设置（洪琭，1986）。技术的进步对于区域救灾也有显著作用（王向辉等，2007；陈伟，2000）。农业技术水平发展的差异对中西方灾后的恢复发展差异明显，中国传统农业科技在一定程度上控制了灾情的蔓延，减轻了灾害的破坏和威胁；也是由于农业技术的落后，欧洲农业遭受灾荒后往往一蹶不振（卜风贤，2007）。因此，必须重视救灾技术对于农业救灾的作用，总结其经验。山东农业救灾制度发展的历史表明，救灾设备与救灾技术的投入能有助于救灾效率的有效提高，明中叶之后引进抗旱性强的美洲作物，通过这种技术的改变，成功地提高了防灾救灾的效率，人口数量、

粮食产量实现大幅增长（李军，2008）。

历史时期防洪技术的缺乏，水灾防治技术经历了"躲水"、"防水"、"分水"到"贮水"的发展过程（表6-3），其演进特征是瞄准的问题越来越具体，应用的技术措施越来越全面，各项措施的覆盖面越来越大（张玉环、李周，2004）。

表6-3 水灾防治技术四阶段特征

阶段	大致时段	策 略	措 施	特 征
躲水	前21世纪之前	躲避洪水	在地势较低的地方生活、生产	选、迁
防水	1940年之前	把洪水控制在河道内并尽快排入海中	修筑堤防，整治河道	堵、疏
分水	1950—1999	蓄洪兼筹，以泄为主	修筑堤防，整治河道，划定蓄洪区和分洪道，水土保持	堵、疏、蓄、泄
贮水	2000—	把洪水当做资源，给洪水以空间，与洪水和谐共存	修筑堤防，整治河道，划定蓄洪区和分洪道，水土保持，拦蓄降水，保证河道有足够的过水能力、湖泊有足够的蓄水容积，调整产业结构、在地势低洼的地方发展适洪产业	堵、疏、蓄、泄、调、适

资料来源：张玉环 李周，《大江大河水灾防治对策的研究》，中国水利水电出版社，2004年，65页。

由于技术的不成熟，洪涝灾害的发生常导致死亡百万、数十万人。20世纪30年代的7次大洪水导致直接死亡人数65万。随着现代化技术的进步，新中国成立以来，全国每年平均因水灾造成的死亡人数降为5 352人（张玉环、李周，2004），呈递减趋势。但在总因灾死亡人数中仍据较大比例，两者相关系数为0.92（图6-5），说明水灾造成的伤亡极为严重，抗汛任务艰巨。因此，作为一种突发性很强的灾害，对水灾的防范技术、救灾设备必须进一步完善。

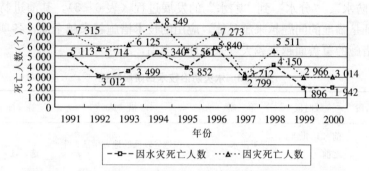

图 6-5　1991—2000 年因水灾死亡人数与因灾死亡人数对比图

资料来源：根据《中国民政统计年鉴》（2001）、《中国水利年鉴》（2001）整理。

　　面对近些年来频发的灾害及其造成的巨大损失，世界各国均将科技救灾防灾突出的地位。联合国第 42、43、44 届大会，先后通过了关于"国际减轻自然灾害十年"的三项决议，呼吁各国政府和科技团体，通过各种途径，推广和应用已有的减灾知识、技术、方法和经验，把自然灾害所造成的损失减少到最低程度。我国政府把减灾工作作为实现国家经济和社会可持续发展整体目标的重要保障。多年来采取了一系列重大的措施，全面推动减灾工作的发展。随着科学技术的不断进步，已经越来越意识到减灾这项系统工程的复杂性，认为必须重视减灾的科学研究和技术应用。1989 年成立的中国国际减轻自然灾害委员会即提出，"要做好减灾工作，离不开科学技术。"1990 年 2 月，《行动起来，积极开展中国减灾十年活动》的文件中对这一内容作了较为完整的概括："减轻自然灾害，一定要依靠科学技术。要加强灾害科学的研究，大力推广和应用已有的科研成果，不断揭示各种灾害的成因和发展规律，提出减轻灾害的对策，把科研和灾害综合治理紧密地结合起来，推动我国减灾活动的顺利进行。"1992 年，在中国国际减灾十年委员会第三次全委会上，指出要把依靠科学技术作为减灾的根本途径,要利用现代航天、通讯、遥感、信息处理等技术为减灾提供先进的科学手段,要有计划地把科技力量引导到减灾领域,以提高减灾效益。在 1997 年中国国际减灾委员会制定的《中华人民共和国减灾规划中(1998—2010)》中,已经充分认识到了发挥科技在减灾工作中的重要性作用。在减灾工作的指导方针中,明确提出了要加强减灾基础和应用科学研究,加快现有科研成果转化为实际减灾能力的进程,促进综合减灾能力的提高。1998 年中国"国际减灾十年"委员会关于印发第八次全委会纪要明确提出:"要充分发挥科技在减灾中的作用,充分利用科技成果,这是推动减灾工作发展的强大动力。"(民政部救灾救济司,1998)2006 年全国科学技术大会部署了《国家中长期科学和技术发展规划纲要(2006—2020 年)》,纲要把重大自然灾害监测与防御作为优先发展的主题,"重点研究开发地震、台风、暴雨、洪水、地质灾害等监测、预警和应急处置关键技术,森林火灾、溃坝、决堤险情等重大灾害的监测预警技术以及重大自然灾害综合风险分析评估技术。"

山东省救灾防灾技术建国后获得大幅度提高,在灾害预测、救助等都发展迅速。按照发展经济学的相关理论,技术的进步包含资本节约型技术进步、劳动节约型技术进步、中性技术进步三种形式,山东省农业救灾过程,曾经以大规模发动人员进行救灾活动为中心,比如以工代赈等,但其后随着科技的发展,救灾活动更加重视运用现代化的技术,从而推动救灾技术向劳动节约型技术进步转变。具体到救灾技术的应用,山东省充分应用现代科技,农业机械化水平从 1952 年的 1 万千瓦上升至 2007 年的991 779 万千瓦,1952 年机耕面积只有 3 900 公顷,仅占耕地总面积的 0.04%,至 2007 年上升为 5 765.96 千公顷,技术的进步促进了抗旱防汛能力的提高,防雹技术、人工降雨技术、遥感技术的应用、良种的选择、农药的使用对于降低农作物生物、病虫灾害造成的损失也作用明显①。在山东的多次救灾中，还配备了直升机、冲锋舟等现代化的装备，对于缩短救灾时间，迅速给灾区补给必需物资作用明显。在救灾防病过程中，科学技术起着科学决策、科技咨询、科学预测、科技手段等重要作用（陈明亭，2000）。山东省灾后常有中央及全国各地、军队派遣的医疗队赴灾区开展医疗活动，为做到大灾之后无大疫做出巨大贡献。

从总体看，我国救灾手段和装备尚为落后，从新中国成立至今未发生飞跃性的发展，灾害的救助更多地依赖于人海战术，耗费成本很高。胡鞍钢（1997）指出，目前中国的防灾、救灾基本在人员、物资投入而非技术的水平上，防、抗、救灾技术落后，成灾能力低下。但救灾的事实同时证明，自然灾害的预测、预警技术，先进的灾害信息传达技术，现代化的交通、运输工具，住宅及工程建筑物标准的不断提升，提高了减灾科技效益和综合减灾能力，对于灾害的救济效果明显。因此，要坚持把科学技术成果广泛应用到自然灾害的监测预报、减灾工程建设、抗灾方法创新和灾后重建中去，让科学技术成为减灾工作有效进行的可靠保证。

四、政府和民间救灾组织的相互配合

传统社会救灾制度演变的一个重要特征是以民间力量为主体的非政府组织的逐渐壮大。魏晋南北朝至隋唐的中古时期，宗族

---

① 据统计，新中国成立以来，全国主要农作物品种更新换代5～6次，良种覆盖率达85%以上，每次换代增产10%～20%。植物病虫害、畜禽重大疫病预防手段和控制技术的突破，大幅降低了农畜产品的损失率；小麦黄矮病冬春麦区流行趋势预测技术、褐飞虱预测预报与控制技术的突破，提高了我国重大病虫害的预测预报能力，使粮食病虫害损失率从20世纪60年代的30%～40%减少到现在的10%～20%。但是农业科技贡献率只有48%，肥料、水、农药利用率只有30%～35%。见《农业科技进步对我国农业发展的贡献》（张亚平等，2005；http://www.agri.ac.cn/DecRef/AgriScienc/200512/39972.html）以及孙政才，《加快农业科技进步促进现代农业发展》，《求是》2007年第15期。

大姓救灾、宗教救灾等在救灾事业上作用显著（毛阳光，2006），宋代出现了"义田"、"粥局"等形式（杨世利，2005），明清时期民间救灾的方式更是呈现多样化，地方绅士在救灾中发挥重要作用。清后期，近代意义上的民间赈济开始兴起，中国传统的灾赈制度向近代演变（陈高华等，2006）。

当今国际社会中，社会资本广泛地参与到救灾行动中。国际红十字会有关人士认为，与国外相比，中国的救灾体制存在不同之处，"惟一不同之处就是，在中国，政府和军队起主导作用；而西方国家却是由红十字会来担当主要救助角色"（段宇宏、李楠，2003）。改革开放以来，非政府组织逐渐成为我国扶持弱势群体的重要力量，在灾后的恢复中作用更是明显（赵延东，2007）。非政府组织在救灾领域中能发挥的主要作用是独立调查灾情、发放救灾款物、从事救灾教育、进行社会募捐、进行国际交流和国际援助、开展救灾理论研究等（孙绍骋，2004）。纵观山东历次灾害救济，各地居民的捐款捐物、非政府组织的积极捐助起到了很大的作用，虽然其数额较政府的投入要少，但对于救灾仍旧是重要的补充。尤其是面对突发的灾情，非政府组织能够凭借其专业的知识、便利的条件、承担风险能力强等优势及时介入，弥补因政治失灵而导致的政府救灾缓慢等问题。

我国非政府组织等民间机构介入救灾大致始于20世纪90年代，随着《公益事业捐赠法》、《社会团体登记管理条例》和《救灾捐赠管理暂行办法》等法律制度的完善，中国公益性组织获得良好发展，中国红十字会、中华慈善总会、中国青少年发展基金会等组织在很多方面起到政府难以替代的作用。山东省红十字会的救灾工作在1990年之前发展较为缓慢，但在救灾中也已积极参与进去，1988—1989年惠民、临沂等地旱灾和暴风雨灾都获得红十字会派遣的医疗队、抢险队以及捐助的钱物的救助；1993年《中华人民共和国红十字会法》颁布后，山东红十字会从90年代初期救灾工作单纯依靠外援发展到90年代中后期自筹与外援结合，前者为主的时期，进一步完善了救灾工作的管理。20世纪90年代之后的较大自然灾害均接受过红十字会的救助（张心宝，2002）。

据孙绍骋（2004）统计，我国有11.2%的非政府组织参入救灾、防灾，并发挥了重要作用。汶川地震后，截至2008年中期，全国各地非政府组织的捐款捐物即达到10亿元，并开展了多种类型的救助活动。如图6-6。许多学者认为，此次地震可能是中国民间组织发展的一个重要契机，有助于改善两者之间的关系（叶鹏飞，2008）。日本民间组织正是通过1995年阪神大地震中发挥的积极作用，才唤起了全社会对民间组织的重视，转变了日本政府对国内民间组织采取的谨慎和限制的态度。在民间组织的直接参与和大力推动下，日本1998年通过了《特定非营利活动促进法》，促进了民间组织的发展。

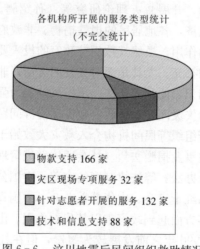

各机构所开展的服务类型统计

（不完全统计）

- 物款支持 166 家
- 灾区现场专项服务 32 家
- 针对志愿者开展的服务 132 家
- 技术和信息支持 88 家

图6-6　汶川地震后民间组织救助情况

注：本图根据香港中文大学公民社会研究中心、中山大学公民与社会发展研究中心所做的《关于民间公益组织参与汶川大地震救灾重建的报告及建议》，统计日期截至 2008 年 6 月。参见 www.cuhk.edu.hk/centre/ccss/earthquake/report/report1.doc。

从政府与民间组织对于救灾的贡献看，一直以来，在中国的灾害救援中，政府承担着重大责任，以政府救灾为主体是中国传统的救灾模式，救灾抗灾方式长期处在"强政府—弱社会"模式之下。政府作为救灾公共品的主要提供者，能够有效地集中资源，便利地动用各种公共设施，尤其是利用高度组织化的军队，大幅度提高救灾效率，无疑处于绝对的主导地位，民间救援只能起辅助的作用，但也不能因此而忽视民间的力量。从公共管理角度看，政府可以有效地解决市场失灵引发的问题，一些技术性问题，如救灾物资的提供与运输成本太高，民间组织承受力有限而引发的志愿失灵等问题也需要政府的介入。但"国家救灾在灾难发生时偏重于拯救生命，在灾后则主要是向灾民提供物质援助。这些帮助必不可少，但很显然，对于灾难中的死者、生者来说，光有这些又是不够的。因为人除了需要物质资源的支持之外，也需要精神的支撑。对于这种精神需求，政府的应急救灾体系是无力提供的，这已超出国家能力的范围。"（秋风，2008）包括宗教团体在内的民间组织的积极参与通过发挥其在心理疏导、人际关系修复等方面的先天优势和活力，组织和引导民众捐款捐物等方式进行救助，降低政府失灵的危害，灾时民间组织的紧急救援和政府救济之间无疑形成一种合作与补充的关系。灾后重建也是一项持续而消耗巨大的工作，单靠行政力量难以完成。因此，在我国灾害救助中除了发挥政府的统一指挥和决策外，还应充分重视对民间组织的管理和引导，充分认识利益主体多元化带来的契机，让这些团体在灾害救助中发挥出更大的作用。

五、预防措施与应急措施的相互影响

既然灾害，特别是自然灾害的发生是不可避免的，如何做好预防工作，树立"以防为主"的思想，力争将灾害的损失降低到最低程度就成为至关重要的问题。"预防为主"指的是把减灾工作的重心由灾害发生后的救援前移到灾害发生前的预防、监测。

古人很早就认识到这一问题，形成了一套较为完善的灾害预防思想体系，比如重农思想、仓储思想、治水思想、林垦思想等（冯开文、李军，2008）。在灾害的预防上做出了大量的工作，比如独特的仓储制度的建立，既起到防灾作用，又起到救灾作用；再比如水利工程的兴修，不仅对于防洪抗旱成效显著，同时成为主导中国经济区区域分布发展的重要因素（冀朝鼎，1998）。古人提出的预防灾害的思想贡献巨大，现代众多预防制度仍脱离不了其窠臼，比如对农业的重视、粮食储备库制度、水利制度、生态保护与补偿制度等，都能找到历史旧影。

新中国成立后，党和政府对于开展灾害预防制度的必要性认识深刻，多次强调预灾的重要性，"以防为主，防抗救相结合"成为新时期我国减灾工作的指导思想。这一思想的核心是以防为主，包括对自然灾害的防治、救助和重建，三者要形成完善的体系。这一思想在新中国成立初年就已存在。20世纪50年代，我国的防灾救灾工作就已经形成了"以救灾推动防灾，以防灾带动救灾"的防灾与救灾相结合的局面（中华人民共和国内务部农村福利司，1958）。1998年中国"国际减灾十年"委员会第八次全委会会议纪要中指出："要在全面规划、统筹兼顾、标本兼治、综合治理的原则下，继续加强减灾工程建设，除害与兴利并举，体现预防为主，防抗救相结合的减灾基本方针。"（民政部救灾救济司，1998）各地均开展了有效的预防文化教育活动，通过科普方式普及人们对于灾害预防重要性的认识。

农业领域作为国民经济体系中承灾力最弱的一个行业，预防管理应成为农业应急管理的基础（房桂芝、董礼刚，2006）。新中国成立后，包括山东在内的全国各地均以"预防为主"的指导思想开展农业减灾工作，且成效显著。比如山东省的防震工作就曾通过科技成功预报，防止了更大范围损失的出现。1976年2、3月间，庙岛邻近海域出现近800次突发性小震群，当地居民十分恐慌，地震部门及时做出不属前震序列，即不会发生大地震的判断，稳定了社会生活秩序；1976 年唐山地震发生不久，济南及其邻近地区也出现地下水和动物行为等异常，当地政府十分警惕，省城济南实际处于临震戒备状态，众多市民夜宿防震棚。地震部门通过分析，认为此系唐山震后效应，非大震前兆，报经中共山东省委批准，恢复了居民的正常生活。这两次预报属成功的无震预报。1983 年 11 月 8 日菏泽发生的 5.9 级地震后形势十分严峻，现场地震工作队经一周观测，判定这次地震的主震已过，不会有更大地震发生，经政府布告周知，社会生活迅速转入正常，此属成功的现场预报（《山东省志·地震志》）。这几次预报都有助于缓解人们的额焦虑心理，稳定社会秩序。

　　但灾害的突发性、难以预料性是超乎人类现象的，有效的应急机制就成立亟须建立的重要减灾措施。新中国成立后，针对当时的大水灾，政府就开始应急机制建立的探索工作，先后成立了中央救灾委员会、民政部国家减灾中心、国家减灾委员会等机构作为救灾应急机构。2000 年以来，特别是"非典"之后，我国救灾应急制度建设发展迅速，各种法律制度纷纷出台（表 6 - 4）。2005 年 1 月 26 日，国务院讨论通过《国家突发公共事件总体应急预案》，同年 5 至 6 月，国务院印发四大类 25 件专项应急预案，80 件部门预案和省级总体应急预案也陆续发布；年末成立了国务院应急管理办公室。2006 年国务院又授权新华社相继发布了《国家自然灾害救助应急预案》、《国家突发公共事件总体应急预案》、《国务院关于全面加强应急管理工作的意见》等规范性文件。各级政府、各个行业加强了关于突发公共事件应急预案体系建设。全国共制订各级各类应急预案 130 多万件，基本覆盖了各地常见的各类突发事件，形成了在党中央、国务院统一领导下的分类管理、分级负责，条块结合、属地管理为主的应急管理体制。《国家综合减灾"十一五"规划》中明确指出，随着国务院颁布实施《国家突发公共事件总体应急预案》和 5 个自然灾害类专项预案，31 个省（区、市）、新疆生产建设兵团以及 93% 的市

（地）、82％的县（市）都已制订了灾害应急救助预案。

表6-4　中国历年颁布的自然灾害类法规汇总（1984—2008）

法律法规名称	通过时间	法律法规名称	通过时间
森林法	1984年通过，1998年修订	气象法	1999年
森林防火条例	1988年	蓄滞洪区运用补偿暂行办法	2000年
森林病虫害防治条例	1989年	森林法实施条例	2000年
水库大坝安全管理条例	1991年	防沙治沙法	2001年
防汛条例	1991年颁布，2005年修订	水法	2002年
草原防火条例	1993年	人工影响天气条例	2002年
自然保护区条例	1994年	地质灾害防治条例	2003年
破坏性地震应急条例	1995年	海洋石油勘探开发环境保护管理条例	2005年
防震减灾法	1997年	军队参加抢险救灾条例	2005年
防洪法	1997年	突发事件应对法	2007年
公益事业捐赠法	1999年	抗旱条例（草案）	2008年

　　资料来源：根据中华人民共和国政府网资料整理。

　　山东省也建立了相应的救灾减灾机构，统一领导救灾工作，灾害应急管理建设成效显著，在预案体系、信息化、保障化、应急储备等方面的建设都取得进展（李崇虎，2009）。2006年底山东省成立应急管理办公室后，至2009年底已经形成"纵向到底、横向到边"覆盖全省的预案体系；2009年4月成立山东省应急救援总队，全省17个市140个县全部成立了应急救援支队和大队，并先后颁布了《山东省应急救援队伍协调运行办法》、《山东省突发事件应急预案管理办法》等一系列法律、法规和制度，各专业机构、地方政府依此,并根据各地实际情况制定相应的应急预案。应急预案在山东省历次救灾中发挥了重要作用(顾士升、曲树国,2001;张文博、秦守福,2007)。

山东省在农业救灾过程中,注重了预防灾害与应急救助的紧密结合。自新中国成立以来,水库大坝、河道堤防等水利工程的建设治理、整治与险库的加固及山东骨干水网的建设,是重要的防汛抗旱预防措施。但面对突发的灾害,除了采取适当的救济外,在条件紧急的情况下也必须有相应的应急措施。对洪水灾害所采取的抢险、分洪、人员转移等措施,就是防洪减灾的应急决策(孙宁海,2005)。1957年临沂地区苍山县、1963年恩县洼的泄洪即是当时整个流域防洪措施未完成的情况下处置洪水的应急决策。

山东省在新中国成立后的60年中,不仅仅是在政治建设、经济建设中取得了全国瞩目的成就,积累了丰富的经验,在救灾救荒中也取得了丰硕的成果,在实践中形成了一套行之有效的理论体系,这些理论与经验的总结,不仅仅对于山东省今后开展救灾工作有所裨益,既使对于全国也是有所借鉴的。

第七章

结 论 与 讨 论

一、结论

新中国成立 60 年来山东省虽然面临多次灾害的侵袭，但在党和政府的领导下，逐步形成了一套较为完善、系统的农业救灾制度体系，这套体系在促进山东省国民经济和社会各方面的增长等方面都发挥了重要的作用，受灾率与成灾率的逐年下降反映出救灾制度是成效显著的。从 60 年救灾制度的演进看，既有成功的经验，也有失败的教训。总结这些经验教训有助于今后山东救灾工作的开展。

（一）60 年山东省农业救灾制度的经验

新中国建立以来，山东省经过长期的实践，积累了丰富的救灾经验：

1. 坚持政府在救灾中的领导作用　新中国成立以来山东省的历次救灾活动中，政府在及时投入灾害救济、提供救灾物资等方面发挥着重要作用。特别是在救灾制度实行分级管理后，山东省政府救灾责任感进一步增强，对减灾工作更加重视，在协调组织各减灾相关部门进行救灾活动中发挥着重要的作用；救灾的分级使政府开始将救灾款列入财政预算，并将减灾工作纳入到地方国民经济和社会发展的中长期规划中，使救灾有了财政保证，能够投入更多的物力人力进行救灾，省政府在地方减灾事务中逐渐起到核心与决策作用。

2. 坚持救灾与恢复生产结合的方针　山东省的农业救灾制

度长期坚持以生产救灾为中心，在进行积极的灾害赈济之外，更多的是鼓励灾民投入到恢复生产中去，通过发展副业、以工代赈等多种措施，使灾民能够尽快地重建家园。改革开放之后，又将救灾与扶贫结合起来，有助于提高灾民抵御灾害的能力，从根本上减少灾害发生的几率。这些制度的提出反映我国救灾理论与实践的发展和丰富，对救灾模式的认识达到了一个新高度。

3. 逐步实现救灾主体的多元化 新中国成立 60 年来，山东省在坚持以政府救灾为主体的基础上，充分发挥各利益主体的作用，鼓励多主体利益形式的参入。政府、企业、团体、军队、普通群众等以各种形式参与救灾，形成救灾主体的多元化。一方面其他团体的参与是政府的有效补充，有利于灾害救济的顺利完成；另一方面也有利于增强各地区人民之间的团结和凝聚力。

4. 充分使用现代化技术，建立科技救灾体系 山东省农业救灾制度在继续传统救灾制度的基础上，进一步向科技救灾方向转变。目前已初步建立了防御各种自然灾害的工作体系，各科研院所、相关机构逐步形成了一支具有丰富实践经验、拥有专业救援知识的科技队伍。新科技的运用提高了减灾科技效益和综合减灾能力。

5. 建立了较为完善的法律体系和救灾机构 新中国成立后，山东省根据中央救灾精神建立了较为完善的救灾机构，逐步把各部门纳入救灾系统，在灾情的监测、预报、救济方面都形成了相应救灾部门；在救灾法律建设方面，多次颁布相应的救灾条文，减灾的法律、法规、法令、条例、规章大量颁布，制定了区域灾害管理基本法，水旱灾害等重大灾害的灾害管理法，使经济建设与减灾工作协调进行。

（二）60 年山东省农业救灾制度的教训

新中国成立 60 年的救灾来，我国在防灾减灾方面也存在一些问题需要总结，从中加以吸取。

1. 救灾中存在普遍的寻租行为　从 60 年山东救灾的经验看，寻租是阻挠救灾的一个重要障碍，集中表现为救灾物资的滥用与挪用、救灾资金不能及时到位、不能准确覆盖受灾群体以及由此引发的工程建设的不到位，特别是"豆腐渣"工程的出现。孙绍骋（2004）指出，在社会转型时期这种行为由于监督机制的缺失而表现得更为明显。

2. 决策失误影响救灾成效　在山东省的救灾过程中由于受到一些错误决策，如"大跃进"、"大炼钢铁"、"文革"等错误政策的影响，出现了一些错误的救灾工程兴建，形成极大地浪费；新时期以来，部分地区发展经济的同时，忽视了生态环境问题的重视，形成了新的灾情隐患。

3. 利益主体多元化尚未建立　虽然农业救灾中救灾主体多元化趋势增强，但目前政府对其他团体的支持还很薄弱，发动其积极参与主动性的行动缺乏，计划体制中政府统管一切的思想在一些地区还深深存在，非政府组织等民间机构的生存空间尚待拓展。

4. 救灾机构尚不完善　虽然山东建立了相应的救灾机构以及必要的应急部门，但是各部门之间缺乏科学有效的协调配合，职能部门存在各自为政的情况；在救灾监督机制建设上也不健全，救灾法律的建设也有待继续完善、加强。

5. 救灾资金投入不足　从目前的趋势看，不论是中央或者地方对救灾资金的投入都是不足的，这影响了救灾的效果，特别是抵御灾害工程的建设，使灾情损失在近期有可能继续呈现扩大趋势。

6. 农业保险发展缓慢　我国目前还没有建立真正的农业巨灾保险体系。新中国成立以后，虽然国家曾一度将农业巨灾（主要指地震、洪水、暴雨等自然灾害）以基本条款的形式列入农业保险承保责任。但是，局限于我国现实，农业巨灾后来演变为一种附加险种。到目前为止，尽管我国已开发了不少农业保险产品，但这些农业保险产品对农业巨灾风险大多采取了规避或严格限制的办法。

7. 防灾救灾意识极为缺乏 社会中普遍缺乏有效的社会自救意识。2006 年的一份调查表明，47.6％的公众对政府在危机管理方面的工作缺乏了解[①]，也缺乏自救的意识。灾害一旦发生，平时缺乏防灾救灾科学知识的社会大众，往往惊慌失措，听任一些迷信、谣言的传播。王子平（1998）指出："我国多年来在灾害宣传上采取的'报喜不报忧'、'报小不报大'、'报少不报多'的政策"对灾害谣传起着重要作用，"灾害谣传无助于抵御灾害，丝毫不利于人们对于灾害的思想和物质的准备，是一场完全消极甚至会造成巨大损失的力量，严重的谣言本身就是一场灾难"。因此，要将提高农村居民的灾害意识、忧患意识提高到重要地位。

二、讨论：未来农业救灾制度的演进方向

总结山东省 60 年的农业灾害与防灾救灾经验，结合中国的现实情况，未来的农业救灾制度建设主要围绕如下几个方面展开：

1. 建立多元化的救灾主体 在继续强调政府在救灾主导地位的前提下，充分扶持发动非政府组织的积极参入，形成救灾主体多元化，由社会分担政府负担，减轻灾害风险，提高救灾效率。

2. 坚持救灾与生产的结合 在农业救灾中要坚持将救灾与生产结合起来，使以工代赈等措施在新时期继续发挥作用，通过激励机制发挥灾民救灾积极性与主动性。

---

① 《中国城市居民危机意识网络调查报告》。这份调查同时表明，67.6％的人对政府的危机管理现状不满意，22％的人舍命不舍财。新华网（2006）。http：// news. xinhuanet. com/fortune/2006 – 05/08/content _ 4519689. htm

3. 加强防汛抗旱工程建设投入　从目前主要的致灾灾种看，水旱灾害对我国的危害时期的，难以避免的主要农业灾种。因此，必须加强防汛抗旱工程建设，在修整已有救灾过程的基础上，保质保量的建设新的工程。

4. 加强灾害普及教育　通过科普教育、社会舆论、大众媒介等途径进行灾害防范意识教育，提高灾害防救意识，并将其作为一个长期的过程进行。

5. 建立专门面向农村地区的灾害应急机构　虽然各地都建立了灾害的应急机构，农村也有了灾害的应急预案，但尚缺乏专门面向农村地区的灾害应急机构，灾害发生后各级机构之间缺乏协调，难以有效地投入农业救灾中。建立专向农村的救灾应急机构有助于各部门之间更有效地进行农业灾害救济活动，平常时期也会形成更多的关注。

6. 完善农业灾害监测系统　近些年随着国际化趋势的增强以及中国加入 WTO，外来物种大量涌入中国，也带来了各种未曾预料的灾害，有必要进一步加强对这些物种的监测制度，从源头上将其消灭。

7. 完善农业巨灾损失补偿机制　要充分发挥政府和市场在救灾中的作用，进一步增加政府灾害救济投入力度，扩大农业保险灾害险种范围，动员农民积极参加到灾害保险中。

参 考 文 献

彼得·加恩赛.2006.历史上的饥荒.理解灾变［M］.北京：华夏出版社.

卜风贤.2007.中西方历史灾荒成因比较研究［J］.古今农业（3）.

曹云升.1954.救灾和互助合作有矛盾吗［N］.人民日报，1954-10-26.

陈洪波.1950.山东寿光生产救灾中的几个问题［M］//新华时事丛刊社.
　生产救灾.新华书店.

陈明亭.2000.试述科学技术在救灾防病中的重要作用［J］.疾病监测
　（11）.

陈文科.2000.农业灾害经济学原理［M］.太原：山西经济出版社.

陈玉琼，安顺清.1987.16世纪以来山东省的旱灾及其影响［J］.灾害学
　（4）.

陈玉琼，高建国.1984.中国历史上重大气候灾害的时间特征［J］.大自然
　探索（4）.

陈振东，崔峻，徐静，阎洪伟，孔超.2002.2001年曲阜小麦晚霜冻害的发
　生与救灾措施［J］.植保技术与推广（12）.

崔乃夫.1994.当代中国的民政（上）［M］.北京：当代中国出版社.

邓拓.1937.中国救荒史［M］.北京：商务印书馆.

丁素媛，尹正平.2003.山东省洪涝灾害分级标准之我见［J］.山东水利
　（4）.

丁希滨 肖培强，等.1992.自然灾害对山东省主要农作物的危害及防治对
　策［J］.中国减灾（3）.

董杰，贾学锋.全球气候变化对中国自然灾害的可能影响［J］.聊城大学
　学报（自然科学版），2004（2）.

段宇宏，李楠.2003.救灾制度待变［J］.中国新闻周刊（27）.

范宝俊.1999.灾害管理文库［M］.北京：当代中国出版社.

范子英，孟令杰.2007.经济作物、食物获取权与饥荒：对森的理论的检验
　［J］.经济学（季刊）（2）.

房培宏，冯关中 . 2008. 关于烟台市开展政策性农业保险的调查与思考
[J]. 农村财政与财务（10）.

高秉伦，魏光兴 . 1994. 山东省主要自然灾害及减灾对策 [M]. 北京：地
震出版社 .

高华 . 2002. 大饥荒中的"粮食食用增量法"与代食品 [J]. 二十一世纪
（72）.

高焕喜 . 2008. 山东农村改革开放三十年回顾与前瞻 [EB/OL]. [2008 - 06 -
16]. http：//www. dzwww. com/xinwen/xinwenzhuanti/2008/ggkf30zn/
ssnsd/200806/t20080616 _ 3677200 _ 1. htm.

高家富 . 1990. 山东地震与抗震 [M]. 郑州：黄河出版社 .

顾瑞珍 . 我国自然灾害损失居世界第三　减灾意识待提高 [EB/OL].
[2005 - 10 - 12]. http：//news3. xinhuanet. com/society/2005 - 10/12/
content _ 3609918. htm.

郭玉贵 . 2005. 山东沿海及近海地震分形分析 [J]. 地球物理学进展（1）.

国家环境保护总局 . 2006. 全国生态现状调查与评估 [M]. 北京：中国环
境科学出版社 .

郝继明 . 2008. 完善我国当前抗灾救灾制度的主要着力点——从南方数省大
规模抗击雨雪冰冻灾害说起 [J]. 中国人口、资源与环境（4）.

何爱平 . 2006. 区域灾害经济研究 [M]. 北京：中国社会科学出版社 .

何佳梅 . 1992. 山东省主要农业灾害及对策研究 [J]. 山东师范大学学报
（自然科学版）（3）.

贺雪峰 . 2006. 中国传统社会的内生村庄秩序 [J]. 文史哲（4）.

胡鞍钢 . 1997. 中国自然灾害与经济发展 [M]. 武汉：湖北科学技术出版
社 .

胡鞍钢 . 1998. 灾害与发展：中国自然灾害影响与减灾战略 [J]. 环境保护
（10）.

华东生产救灾委员会 . 1951. 华东的生产救灾工作 [M]. 上海：华东人民
出版社 .

冀朝鼎 . 1981. 中国历史上的基本经济区与水利事业的发展 [M]. 北京：
中国社会科学出版社 .

季新民，尹长文 . 2002. 山东省水旱灾害防治研究 [J]. 山东大学学报（工
学版）（4）.

江太新．2008．清代救灾与经济变化关系试探——以清代救灾为例［J］．中国经济史研究（3）．

蒋红花．2000．山东省干旱灾害的变化特征及相关分析［J］．灾害学（3）．

蒋积伟．2008．建国初期灾荒史研究述评［J］．当代中国史研究（4）．

康沛竹．2005．中国共产党执政以来防灾救灾［M］．北京：北京大学出版社．

科技部国家计委国家经贸委灾害综合研究组．2000．灾害·社会·减灾·发展——中国百年自然灾害态势与 21 世纪减灾策略分析［M］．北京：气象出版社．

李爱贞．1994．山东省农业气象灾害灾情特征［J］．气象科技（1）．

李德金．1989．中国"国际减灾十年"委员会成立 田纪云副总理任主任［N］．人民日报，1989 - 04 - 22．

李军．2007．自然灾害与唐代农业危机［M］//唐史论丛（第九辑）．西安：三秦出版社．

李军．2008．美洲粮食作物的引进及其引发的救灾制度变迁［J］．亚洲研究（1）．

李军，马国英．2008．中国古代政治救灾制度研究［J］．山西大学学报（哲社版）（1）．

李军，辛贤．2007．中国古代社会救荒中的寻租行为［J］．中国农村观察（1）．

李文海，等．1990．近代中国灾荒纪年［M］．长沙：湖南教育出版社．

李文海，等．1993．近代中国灾荒纪年续编 1919—1949［M］．长沙：湖南教育出版社．

李文治，江太新．2000．中国宗法宗族制和族田义庄［M］．北京：社会科学文献出版社．

李向军．1995．清代荒政研究［M］．北京：中国农业出版社．

李宗娟，等．2008．风力提水灌溉在抗旱减灾中的作用［J］．山东水利（3）．

廉丽姝．2005．山东省气候变化及农业自然灾害对粮食产量的影响［J］．气象科技（1）．

林峰．2005．山东省旱灾变化规律及减灾对策［J］．水利科技与经济（8）．

刘安国．1989．山东沿岸历史风暴潮探讨［J］．中国海洋大学学报（自然科学版)(3).

刘敦训.2006.山东省近 50 年海洋气象灾害特征分析 [J].海洋预报(1).

刘颖秋.2005.干旱灾害对我国社会经济影响研究 [M].北京：中国水利水电出版社.

吕春生，等.2009.国外农业保险发展及对我国的启示 [J].农业经济问题(2).

吕景琳，申春生.1999.山东五十年发展史 [M].济南：齐鲁书社.

马红松，张立波.2005.山东省雷电灾害分析及雷电防御 [J].山东气象(4).

马培元.2004.山东省干旱成因及对策 [J].中国水利(15).

马世骏，等.1965.中国东亚飞蝗蝗区研究 [M].北京：科学出版社.

孟翠玲，徐宗学.2006.山东省近 50 多年来的旱涝时空分布特征 [C].中国水论坛第四届学术研讨会.

孟昭翰.1995.山东省气象灾害分析与对策研究 [J].山东气象(1).

孟昭华，彭传荣.1989.中国灾荒史 [M].北京：电力出版社.

倪玉平.2002.试论清代的荒政 [J].东方论坛(4).

潘晓成.2008.转型期农业风险与保障机制 [M].北京：社科文献出版社.

逢振镐，江奔东.1998.山东经济史(现代卷)[M].济南：济南出版社.

裴宜理.2007.华北的叛乱者与革命者(1845—1945)[M].北京：商务印书馆.

乔尔·莫基尔.2008.富裕的杠杆：技术革新与经济进步 [M].北京：华夏出版社.

青岛市史志办.1996.青岛市志·民政志 [M].北京：中国大百科全书出版社.

秋风.2008.宗教可发挥更大救灾作用 [N].南方周末，2008-05-14.

日照市地方史志编纂委员会.1994.日照市志 [M].济南：齐鲁书社.

山东农业信息网.山东农业保险发展的问题与出路 [EB/OL].[2007-04-13].http：//www.sdny.gov.cn/art/2007/4/13/art_621_33488.html.

山东省地方史志编纂委员会编.1995.山东省志 [M].济南：山东人民出版社.

山东省地方志办公室.山东省情网 [EB/OL].http：//sd.infobase.gov.cn/bin/mse.exe? seachword=&K=a&A=0&run=12.

山东省济宁市地方史志编纂委员会.2002.济宁市志［M］.北京：中华书局.

山东省民政厅.威海市探索完善自然灾害应急反应机制［EB/OL］.［2008－07－11］.http：//shandong.mca.gov.cn/article/jcxx/200807/20080700018190.shtml.

山东省农业厅农业志办公室.山东省农业大事记（1840—1990）［M］.山东省农业厅农业志办公室稿本.

山义昌，王潇宇.2001.山东省潍坊市冰雹灾害发生规律及防灾措施［J］.灾害学（4）.

邵永忠.2004.二十世纪中国荒政史研究回顾［J］.中国史研究动态（3）.

石涛.2008.北宋政府减灾管理投入分析［J］.中国经济史研究（1）.

史培军，郭卫平，李保俊，等.2005.减灾与可持续发展模式——从第二次世界减灾大会看中国减灾战略的调整［J］.自然灾害学报（3）.

斯科特.2001.农民的道义经济学［M］.北京：译林出版社.

孙百亮，梁飞.2008.清代山东自然灾害与政府救灾能力的变迁［J］.气象与减灾研究（1）.

孙绍骋.2004.中国救灾制度研究［M］.北京：商务印书馆.

孙源正，原永兰.1999.山东蝗虫［M］.北京：中国农业科技出版社.

孙宗义.2002.蒙阴县人工防雹效果评估［J］.山东气象（2）.

田纪云.1989.田纪云副总理在中国"国际减灾十年"委员会成立会议上的讲话［J］.灾害学（3）.

王法宏.2009.科学抗灾保丰收［N］.农民日报，2009－06－08.

王国敏.1997.中国农业风险保障体系建设研究［M］.成都：四川大学出版社.

王国敏.2007.中国农业自然灾害的风险管理与防范体系研究［M］.重庆：西南财经大学出版社.

王红霞.2005.山东沿海及近海地区主要地质灾害类型分析［J］.地球物理学进展（1）.

王建国.2005.山东气候［M］.北京：气象出版社.

王建国，孙典卿.2006.中国气象灾害大典·山东卷［M］.北京：气象出版社.

王轲道.2000.山东省水旱灾害及减灾措施［J］.临沂师范学院学报（6）.

王林.2006.山东的抗灾斗争［M］.济南：山东人民出版社.

王寿元.1991.山东省冰雹发生规律及防御措施［J］.山东农业科学（2）.

王学栋，张玉平.2005.自然灾害与政府应急管理：国外的经验及其借鉴［J］.科学技术管理（11）.

王学真.2006.山东省粮食生产波动影响因素分析［J］.山东理工大学学报（社会科学版）（6）.

王玉柱.1999.壮丽的画卷——山东省水利建设五十年［J］.山东水利（10）.

王子平.1998.灾害社会学［M］.长沙：湖南人民出版社.

潍坊市史志办.1992.潍坊市志［M］.济南：齐鲁书社.

魏光兴，孙昭民.2000.山东省自然灾害史［M］.北京：地震出版社.

魏丕信.2003.十八世纪中国的官僚制度与荒政［M］.徐建青，译.南京：江苏人民出版社.

温艳.2004.建国初期汉中的自然灾害与救灾［J］.汉中师范学院学报（社会科学版）（4）.

吴扬.2006.国外农业保险发展的经验与启示［J］.国际贸易问题（9）.

夏东兴，武桂秋，边淑华.1993.山东海洋灾害类型及演化趋势预测［J］.科学与管理（5）.

夏明方.2006.古今救灾制度的差距与变迁［J］.南风窗（19）.

新华时事丛刊社编辑.1950.生产救灾［M］.北京：新华书店.

信忠保，谢志仁.2005.自然灾害对山东经济可持续发展的影响及对策［J］.灾害学（3）.

徐海亮.2004."三五"至"五五"期间的水利建设经济效益［J］.三农中国（9）.

徐开斌.2009.大旱灾让我们反思水利与农业政策［N］.中国青年报，2009－02－12.

薛德强，王建国，王兴堂，龚佃利.2007.山东省的干旱化特征分析［J］.自然灾害学报（6）.

薛德强，杨成芳.2003.山东省龙卷风发生的气候特征［J］.山东气象（4）.

烟台市地方史志编纂委员会.1994.烟台市志［M］.北京：科学技术出版社.

阎虹，韩静轩. 2006. 自然灾害对山东农业经济影响的实证分析 [J]. 山东农业大学学报（社科版）（2）.

叶修祺，刘素英，吴继芳. 1990. 山东省霜冻灾害及防御对策 [J]. 山东农业科学（5）.

叶依能. 1997. 明清时期农业生产技术备荒救灾简述 [J]. 中国农史（4）.

张赐琪. 2007. 不容忽略的警示：全球气候异常 [J]. 生态经济（10）.

张国琛. 2008. 民政 30 年——山东卷 [M]. 北京：中国社会出版社.

张维，胡继连. 2008. 农户参与农业保险的意愿与需求：山东的调查 [J]. 改革（3）.

张文. 2003. 两宋赈灾救荒措施的市场化与社会化进程 [J]. 西南师范大学学报（人文社会科学版）（1）.

张学珍. 2007. 山东蝗灾的韵律性及其与气候变化的关系 [J]. 气候与环境研究（6）.

张玉环，李周. 2004. 大江大河水灾防治对策的研究 [M]. 北京：中国水利水电出版社.

赵朝峰. 2000. 简评建国初期的救灾渡荒工作 [J]. 中共党史研究（4）.

赵传集. 1992. 山东自然灾害防御 [M]. 青岛：青岛出版社.

赵传集. 1996. 山东水旱灾害 [M]. 济南：山东出版社.

赵德三. 1991. 山东沿海区域环境与灾害 [M]. 北京：北京科学出版社.

赵德三，季明川. 1993. 山东省台风灾害及其对策 [J]. 海岸工程（4）.

郑庭明. 2007. 山东省地质灾害分区与防治对策研究 [J]. 山东国土资源（4）.

赵延东. 2007. 社会资本与灾后恢复 [J]. 社会学研究（5）.

《中国农业全书·山东卷》编辑委员会. 1994. 中国农业全书·山东卷 [M]. 北京：中国农业出版社.

中国社会科学院，中央档案馆. 1990. 1949—1952 中华人民共和国经济档案资料选编（综合卷）[M]. 北京：中国城市经济社会出版社.

中华人民共和国内务部农村福利司. 1958. 建国以来灾情和救灾工作史料 [M]. 北京：法律出版社.

周锡瑞. 1995. 义和团运动的起源 [M]. 南京：江苏人民出版社.

Arrow K J. 1982. Review of 'Poverty and Famines' by A. K. Sen [J]. New York Review of Books（29）：24 - 26.

Bernstein. 1984. Stalinism, Famine, and Chinese Peasants: Grain Procurement During the Great LeapForward [J]. Theory and Society, 13 (3).

Gerald H Haug. 2007. Influence of the intertropical convergence zone on the East Asian monsoon [J]. Nature, 445 (26).

Lin J Y, D T Yang. 2000. Food Availability, Entitlements, and the Chinese Famine [J]. Economic Journal, 110 (460): 136 - 158.

Needham, Joseph. 1986. Introduction [M] // Robert K G Temple.. China Land of Discovery and Invention. Wellingborough: Patrick-Stephens.

Ravallion M. 1997. Famines and Economics [J]. Journal of Economic Literature, 35 (3): 1205 - 1242.

Sen A. 1981. Poverty and Famines: An Essay on Entitlement and Deprivation [M]. Oxford: Oxford University Press.

Solow R. 1991. How to Stop Hunger? [J]. New York Review of Books, 38 (20).

图书在版编目（CIP）数据

山东农业救灾史研究：1949～2009 / 王强著．—
北京：中国农业出版社，2011.5
　（农业经济史丛书）
　ISBN 978-7-109-15524-4

　Ⅰ.①山… Ⅱ.①王… Ⅲ.①农业气象灾害-救灾-
历史-研究-山东省-1949～2009 Ⅳ.①S42-092

中国版本图书馆 CIP 数据核字（2011）第 036433 号

中国农业出版社出版
（北京市朝阳区农展馆北路 2 号）
（邮政编码 100125）
责任编辑　穆祥桐　周　珊

中国农业出版社印刷厂印刷　　新华书店北京发行所发行
2011 年 5 月第 1 版　2011 年 5 月北京第 1 次印刷

开本：850mm×1168mm　1/32　印张：7.75
字数：185 千字　印数：1～2 000 册
定价：30.00 元
（凡本版图书出现印刷、装订错误，请向出版社发行部调换）